创新型大学生素质教育精品教材

互联网+教育改革新理念教材

大学生创新思维

主审　黄春波

主编　廖　非　邓永霞

U0783372

教·学
资　源

航空工业出版社

北　京

内 容 提 要

本教材在编订体例上采用专题模块形式，在内容编选上尽可能将知识性与趣味性相结合，既注重系统性，又突出重点难点，方便广大读者阅读。

本教材共五个专题，分别为：创新让世界更美丽；开发个人创新潜能；了解创新基本方法；走进创新思维训练营；打开创新思维工具箱。专题一主要介绍了创新的概念、特征和作用；专题二主要介绍了创新意识、创新能力、创新品格以及常见的创新思维的障碍等；专题三主要介绍了创新的常用方法及训练等；专题四主要介绍了创新思维的训练方法；专题五主要介绍了常见的创新思维工具。

本书适用于在校大学生、企业从业人员及创业人士。

图书在版编目（ＣＩＰ）数据

大学生创新思维 / 廖非，邓永霞主编. -- 北京 ：
航空工业出版社，2021.8（2023.8 重印）
ISBN 978-7-5165-2712-2

Ⅰ. ①大… Ⅱ. ①廖… ②邓… Ⅲ. ①大学生－创造
性思维－高等学校－教材 Ⅳ. ①B804.4

中国版本图书馆 CIP 数据核字(2021)第 147209 号

大学生创新思维
Daxuesheng Chuangxin Siwei

航空工业出版社出版发行
（北京市朝阳区京顺路 5 号曙光大厦 C 座四层　100028）
发行部电话：010-85672663　　010-85672683

捷鹰印刷（天津）有限公司印刷　　　　全国各地新华书店经售
2021 年 8 月第 1 版　　　　　　　　2023 年 8 月第 4 次印刷
开本：787×1092　　　1/16　　　　　字数：312 千字
印张：13.5　　　　　　　　　　　　定价：44.80 元

PREFACE 前言

创新是一个民族进步的灵魂，是一个国家兴旺发达的不竭动力，在激烈的国际竞争中，唯创新者进，唯创新者强，唯创新者胜。近年来，为推动"大众创业、万众创新"战略的实施，国家相继出台了一系列推动创新创业发展的新举措，营造了良好的创新创业环境，激发了创新创业的热潮。党的二十大报告指出，未来，必须继续培育创新文化，弘扬科学家精神，涵养优良学风，营造创新氛围。

大学生正处于最具创新意识和创业激情的年龄阶段，是创新创业大潮中最具活力和潜力的群体。高校作为人才培养的摇篮、科技创新的重镇、人文精神的高地，是推动创新教育、培养创新人才的重要基地。大学生创新思维教育旨在全面地培养和激发学生的创新意识和创新能力，从而使学生积极思考、把握机会、勇于创新。

基于此，本书以专题的形式层层深入，将创新思维的画卷徐徐展开。首先让学生认识到创新的美妙和重要；然后拉近学生与创新的距离，扫除思维的障碍，做好创新的准备；之后，教给学生创新的方法，并进行创新的思维训练；最后，让学生学会使用创新的工具。

具体来讲，本书主要具有以下特色。

- **素质教育，立德树人**。本书以激发大学生的创新思维、提高大学生的创新能力为目标，帮助大学生树立服务社会、报效祖国的创新价值观，引领大学生把激昂的青春梦融入伟大的中国梦，努力成长为德才兼备的优秀人才。

- **校企合作，同向而行**。本书是在与相关企业专家的合作下编写完成的。在编写的过程中，编者参考了大量先进企业的创新案例，结合了新形势下各行各业对创新人才的要求以及国家对创新的政策支持。

- **全新理念，理实结合**。本书以创新思维的培养为主线，以实训和实践锻炼为重点，层层递进。并且，为了将创新理论与创新实践相结合，特在每个专题后设置了"创新活动营"，旨在打破理论与实践之间的壁垒，实现思维意识与实践技能的统一。

- **数字资源，丰富多彩**。本书充分利用最新技术，配备了丰富多彩的数字化资源。其中，微课资源供学生进行扫码学习，弥补了纸质书欠缺互动性和立体感的缺陷，即扫即学，简单方便；另外为了辅助教师的教学工作，特配备了精品课件；同时课程的其他线上学习资源也在不断完善。读者可以登录文旌综合教育平台"文旌课堂"（www.wenjingketang.com）下载相应资源。如果读者在学习过程中有什么疑问，也可登录该网站寻求帮助。

- **形式活泼，趣味性强**。本书用丰富生动的创新故事、开放型的问题讨论，启迪学生思考、激发学生智慧，注重学习过程中的趣味性、启发性和开放性。同时，本书穿插了大量精彩图片，以增加学生学习的兴趣。

创新是时代的需求、国家的召唤。我们正处于创新创业潮起云涌的时代，正处于创新创业激情迸发的时代，希望通过我们的努力，能够帮助更多的青年在创新创业的道路上取得成功，不负时代、不辱使命。

本书由黄春波担任主审，廖非、邓永霞担任主编，吴小宁、郭叶峰担任副主编，李林海、黄日成、覃文松、农凯参与编写。

在编写本书过程中，我们参考了大量文献资料。在此，对这些资料的作者和编者表示衷心的感谢。由于编者水平有限，书中难免存在疏漏与不当之处，恳请广大读者批评指正。

本书编委会

主　审　黄春波

主　编　廖　非　邓永霞

副主编　吴小宁　郭叶峰

参　编　李林海　黄日成　覃文松　农　凯

CONTENTS 目录

专题三 了解创新基本方法 / 79

目 录

专题一

创新让世界更美丽

内容提要

　　创新是一个永不过时的话题。它创造了许多神话和奇迹，给我们带来很多意想不到的惊喜与精彩，并且还在创造，还将创造。创新让世界变得更加进步，更加文明，更加美丽动人。

第一讲　开启创新之门

一、何谓创新

　　"创新"一词最早由西方著名经济学家熊彼特（Joseph Alois Schumpeter）用于对经济增长动力的分析。1912 年，他在《经济发展理论》一书中首先提出了"创新理论"（Innovation Theory）。熊彼特认为创新是企业家对生产要素的重新组合，包括新产品、新的生产方法、开拓新市场、获取或支配新的资源、新的组织形式。

大家眼中的创新

　　《现代汉语词典》中关于"创新"的解释是"抛开旧的，创造新的"。现今，人们通常认为创新是人类为了满足自身的需要，不断拓展对客观世界及其自身的认知，从而产生有价值的新思想、新举措、新事物的实践活动。

创新故事

　　美国汽车大王亨利·福特在街上散步并略有所思。他最近一直在思考如何才能提高汽车的生产效率。一抬头，他看到肉铺仓库里的几个工人在顺次分别切牛的里脊肉、胸叉肉、牛头肉。他的脑海里马上浮现出与此相反的过程：汽车生产车间的工人顺次分别

组装汽车的各种零件，零件组装成部件，部件再装配成整车，这就是用流水线组装汽车的方法。

这种方法中每个工人只负责汽车装配中的一小部分，操作简单、容易熟练掌握，与以前让每一个工人单独装配一辆汽车相比，劳动效率大大提高了。这次改进使福特公司脱颖而出，奠定了其在汽车行业中的地位。并且，福特汽车生产流水线的创新所带来的规模化优势，成了汽车业发展的重要里程碑。

二、为何创新

基础研究和原始创新不断加强，一些关键核心技术实现突破，战略性新兴产业发展壮大，载人航天、探月探火、深海深地探测、超级计算机、卫星导航、量子信息、核电技术、新能源技术、大飞机制造、生物医药等取得重大成果，进入创新型国家行列。

——2022年10月，习近平总书记在中国共产党第二十次全国代表大会上的讲话

创新是人类历史发展的原动力，是人类生存进化的客观需要，是经济发展的不二法则，是人类社会文明与进步的必然选择。但在实际中，创新所需要的巨大勇气和巨额的投入使许多人望而却步，尤其是在善于模仿的中国。现代营销学之父菲利普·科特勒博士认为，"创新并没有被普遍认为是重要的或者是值得的。因为总有一些人希望停止创新，总有一些人不喜欢变革。"但现实是，停止创新就意味着消亡，比如雅虎，曾经是门户网站的开山鼻祖，但是因为没能跟上时代的步伐，最终落得"英雄终被雨打风吹去"的境地。而且就目前国际和国内的形势而言，国家、企业、个人要想有所发展，就必须创新。

（一）人类的生存与发展遇到了严峻的挑战

人类社会的发展史也是一部人口发展史。人既是生产者、消费者，也是资源、环境的开发利用者。人口数量与资源、环境相协调，会促进经济社会的发展。一旦人口增长超过了资源和环境的承受能力，则会给人类生存、发展带来严峻的挑战。

根据联合国公布的数据，1950年，世界人口约为26亿；1987年，世界人口增长至50亿；2021年，世界人口突破78亿；预计到2050年，世界人口将达到97亿。20世纪以来，世界人口增长过快，给全球经济、社会、资源、环境带来了巨大压力，导致土地、粮食、淡水等资源的危机日趋严重，环境污染加剧，生态破坏严重。

截至2020年，世界上仍有近6.9亿人因粮食短缺处于饥饿中，10亿多人生活在缺水地区，人类在生产、生活过程中排放的二氧化碳急剧增加，酸雨、泥石流、恶劣天气频发，荒漠化愈加严重，多种矿产资源濒临枯竭。这不仅影响当代人类的生存质量，更给人类社会的可持续发展造成严重威胁。

面对如此境地，英国创新性地率先提出了低碳经济政策，以此应对全球气候变暖这一严峻事实。低碳经济是以低能耗、低污染、低排放为基础的经济模式，是人类社会继农业文明、工业文明之后的又一次重大进步。低碳经济的实质是高效利用能源、开发清洁能源、追求绿色 GDP，核心是能源技术和减排技术创新、产业结构和制度创新以及人类生存发展观念的根本性转变。

（二）中国伟大复兴需要创新

中华民族近代以来落后于西方的原因，首先是受到与农耕经济相适应的农耕文明的制约，其次是受到封建专制政治体制的制约，最后是民族整体缺乏创新能力。

步入现代，中华民族的生存与发展仍然面临着严峻的挑战。人口压力、经济压力、安全压力、资源压力、技术压力、分配压力、创新压力、文化教育压力、国民素质压力、民主与法制的压力，重重大山压过来。当今的中国比以往任何时候都更需要创新来带动发展，实现我们的复兴强国梦。

 树德创新

"两弹一星"精神

1964 年 10 月 16 日，新疆罗布泊升腾起一朵巨大的蘑菇云——中国第一颗原子弹爆炸成功。这一声东方雄狮的怒吼响彻世界，中华民族从此与屈辱绝缘。紧接着，1966 年 10 月 27 日，中国第一颗装有核弹头的地地导弹飞行爆炸成功；1967 年 6 月 17 日，中国第一颗氢弹空爆试验成功；1970 年 4 月 24 日，中国第一颗人造卫星发射成功。这就是中国"两弹一星"的宏伟事业。

科技创新离不开精神的支撑。在为"两弹一星"事业奋斗的过程中，广大科研工作者发扬了热爱祖国、无私奉献，自力更生、艰苦奋斗，大力协同、勇于登攀的"两弹一星"精神。在"两弹一星"精神的激励和鼓舞下，一代代科研工作者在党的领导下，接续奋斗、勇攀高峰。从我国自主研发的全海深载人潜水器"奋斗者"号实现万米海试成功坐底，到量子计算机"九章"问世；从北斗卫星导航系统全面开通，到中国人首次进入自己的空间站……一个个辉煌成就见证"两弹一星"精神的接力传承，不断增强中国人对实现高水平科技自立自强的信心。

今天，中国把科技创新摆在了更加重要的位置。使命在肩，前程璀璨。中国科技创新的春天，路正宽，风正暖！

【点拨】中华民族的伟大复兴需要创新，中国人民也在努力创新。青年是一个政党、国家和民族的希望与未来，是一个政党、国家和民族永续发展的源泉。当代青年大学生要秉持"两弹一星"精神，跟随祖国创新的脚步一起大踏步向前！

（三）21世纪竞争的核心就是创新

21世纪是知识经济的时代，知识的生产和传播速度越来越快，信息化成为世界经济发展的大趋势。21世纪是一个充满竞争的世纪，竞争的核心就是创新。中国的经济虽然增长较快，但与发达国家相比仍有很大的差距，尤其是在需要杰出创新能力的高新科技领域。

无论是纵观历史，还是横阅当今，民族之间或国家之间的所有进步和落后的差异，都是由创新能力的差异所致，所以我们要扎根于现实，正确认识和理解创新才是成功的关键。

你知道吗

在世界科学技术最有标志意义的诺贝尔奖当中，犹太人在全世界的获奖者当中大约占22%，这个比例是非常惊人的。其中，美国的诺贝尔奖获得者中大约有一半是犹太人，这显示出了犹太人非凡的创造力。

犹太人的影响不仅是在科技领域。在思想领域，著名的犹太人大师有斐洛、马克思、弗洛伊德、胡塞尔；在文学领域，有意识流作家普鲁斯特、表现主义作家卡夫卡、荒诞派戏剧家贝克特；在音乐领域，有门德尔松、梅耶贝尔、奥芬巴赫。在自然科学领域，犹太人的贡献就更大了，现代物理学之父爱因斯坦、计算机先祖冯·诺依曼、控制论的创始人维纳、原子物理学和量子力学的奠基人波尔、原子弹之父奥本海默都是犹太人；在商业街，戴尔电脑的创始人迈克尔·戴尔，社交网络服务公司Facebook的创始人马克·扎克伯格，谷歌公司的联合创始人谢尔盖·布林也都是犹太人。犹太人的影响可以说无处不在。

（四）个人成功需要创新

舒曼在《论音乐和音乐家》中说："人才进行工作，天才进行创造，而蠢材永远在重复。"人的劳动有创新性劳动与非创新性劳动之分，人的经验有创新性经验与重复性经验之分，人的实践有创新性实践与常规性实践之别。而创新的影响是巨大的，一条创意可以改变一个地区，一项设计可以救活一个企业，一个谋略可以打赢一场战争……所以说，人只有进行创新思维及创新实践，才能真正享有生命的意义和生命的价值。

在曾经的一项"员工最缺乏的是什么"的调查中，参与调查的大部分领导者的答案都是员工普遍缺乏创新思维。21世纪拥有知识和信息的人越来越多，这就意味着知识和信息的价值正在呈下降趋势，而拥有创造力和想象力的人的价值正在上升。爱因斯坦有句名言："想象力比知识更重要"。很多企业在雇佣员工的时候，领导者会用一些问题去测试候选人的创造力和想象力，例如"你能想象一条船和一个降落伞结合起来是什么吗"。答案是带降落伞的船。这也许听起来很好笑，但它已经被发明并应用在实际生活中了，这个创意组合起到了节省船的耗油量的作用。

创新是21世纪知识经济时代最重要的生存法则，谁拥有了创新，谁就打开了成功之门。

讨论与分享

请同学们回顾一下自己的思维经历，发现其中的创新。

（1）你是否经常有新想法出现？新想法出现的间隔是（几天、几周、几个月）？

（2）最近一次出现新想法是在（昨天、上星期、上个月、去年）？

（3）这个最近的新想法是什么？实施了吗？

（4）该创新（实施了的话）对于你个人、周围的人乃至社会有多大的影响和效益呢？

创新训练

1. 老王家有两个闹钟，一个一天慢一分钟，另一个根本就不走。请问，这两个闹钟哪一个报时准一些？

2. 一天晚上，W先生正在阅读一本非常有趣的书，但W夫人却把电灯关了。这时屋子里漆黑一片。然而，W先生却在继续读书，而且还读得津津有味呢！这是怎么一回事？

三、创新无处不在

创新已经变得无处不在，我们已来到一个创新的时代。"只有想不到，没有做不到"，世界上的任何一个角落，任何一个人都可以创新。创新无处不在，无时不在。党的二十大报告提出：培育创新文化，弘扬科学家精神，涵养优良学风，营造创新氛围。

说起创新，我们想到的也不再仅仅是一群穿着白大褂，在实验室苦苦钻研的科研工作者。创新不只存在于科技领域，生活的方方面面都需要创新。西汉名将韩信违背兵法，背水列阵，置之死地而大败楚军，这是军事创新；南非太阳城用犀牛、大象、斑马、羚羊、花豹、长颈鹿、狮子等非洲特有动物的造型装饰酒店外墙，这是设计创新；日本原丰田汽车公司分为生产公司和销售公司，"以销定产"，这是经营创新；孟加拉经济学家尤努斯发明"乡村银行"，以小额信贷方式成功扶贫，这是金融创新；苏州木渎镇将散落民间的特艺女子，提炼命名为"绣娘""织娘""船娘""茶娘""扇娘""灯娘""琴娘""蚕娘""花娘""歌娘""画娘""蚌娘"，悬旗形成"姑苏十二娘风情街"的旅游景观，这是概念创新……

你知道吗

印刷机、苯分子的结构、空调、心脏起搏器、尼龙粘扣——这些都是绝妙的创意。然而，你知道它们是如何产生的吗？

印刷机的创意其实来源于葡萄酒榨汁机；化学家凯库勒是在梦里发现了苯分子的结构；设计出空调的伟大发明家开利，最初的想法只是为了调节空气的湿度；格雷特巴奇误将一个 1 兆欧的电阻器用在心脏记录器上，从而发明了心脏起搏器；瑞士工程师乔治·德·梅斯特拉尔在森林散步回家后发现裤子和爱狗身上粘满带刺的苍耳，突发灵感并最终发明了尼龙粘扣。

你见过吗

孩子们房间里的树屋

滑板达人的房间

鱼缸床头柜

塑料瓶的妙用

随时可以烧烤的桌子

 创新故事

在美国新墨西哥州的高原地区，有一位名叫杨格的苹果园园主。高原地区环境优美，污染极少，长出的苹果又香又甜，人见人爱。近年来，他的生意越做越大，苹果园收益颇丰。

然而，天有不测风云。有一年，正当苹果挂满枝头的时候，一场特大冰雹袭击了该地区，高原苹果深受其害，变得"遍体鳞伤"。那一年，又恰逢订单最多，预订量超过了9 000吨。怎么办？杨格心急如焚，在苹果园里转来转去，落叶在他的脚下沙沙作响。忽然一只苹果滚了过来，杨格弯下腰，将它拾起，擦掉粘在上面的泥土，咬了一口，顿时觉得味美香甜。这时候，他的头脑里突然萌发出一个大胆的想法。

随后，杨格立即动手，组织员工们如期将苹果装箱发运。另外，他还在每一个纸箱里放进一张纸片，上面写道："这批苹果独具一格，只只带'伤'。然而，这种用冰雹敲击出来的伤疤却是高原地区所产苹果的特有'标记'。它们与众不同，外表不好看但好吃，别具果糖的风味。"带着疑虑神色的买主们当场品尝了样品，发现杨格所言果真不假，于是买下了所有带伤的苹果。从此，杨格的高原苹果闻名遐迩，人们纷纷抢购。有些顾客对带着伤疤的苹果情有独钟，还特别要求供应这个品种。

大冰雹本是一场灾难，带伤的苹果按常理来说应该低价处理，但是经杨格创意性地营销后，苹果的伤疤反而成了特色！最终，带伤的苹果不但没有赔钱，反而因为独具一格而畅销起来。这就是创新的魅力。

第二讲　领略创新之美

世界因创新而更美丽。回望人类历史，从刀耕火种到蒸汽机车，从电力时代到微电子时代，人类的每一次进步都离不开创新。让我们一同来回忆这些精彩的瞬间，感受历史长河中的创新之美。

一、壮丽山河——世界的创新

创新古已有之，从人类诞生到21世纪，人类的每一次文明与进步都与创新有着密不可分的关系，从茹毛饮血到钻木取火，从烽火狼烟到卫星定位，从结绳记事到人工智能，无一不凝结着人类伟大的聪明才智。火花一现的智慧灵感推动着人类历史的车轮不断向前，上天、入地、下海、探知未来星球，人类正以不可想象的发展势头

扫一扫
创新之路

奔向更高的层面。

改变人类历史进程的 50 个伟大创新

1. 印刷术（15 世纪 30 年代）

印刷术的发明是一个标志着"知识开始自由复制并快速展示生命力"的转折点。

2. 电（19 世纪末）

电的发明催生了电灯以及接下来的第 4、9、16、24、28、44 和 45 项发明，并成为现代生活的基础。

3. 盘尼西林（1928 年）

盘尼西林是第一种能够治疗人类疾病的抗生素，于 1928 年被意外发现。但其药品化之旅艰难而漫长，直到第二次世界大战结束后才得以广泛使用。当时，抗生素成为治疗过去被视为绝症疾病的灵丹妙药。

4. 半导体电子产品（20 世纪中期）

半导体电子产品是现代电子信息产业的基础支撑。半导体材料、器件、集成电路的生产和科研已成为电子工业的重要组成部分。

5. 光学镜片（13 世纪）

眼镜的发明大大提高了人类的集体智商，并最终导致显微镜和望远镜的诞生。

6. 纸（2 世纪）

美国当代科技作家查尔斯·曼恩说："有了纸以后，作画就成了自然而然的事情，但在发明纸之前，人们在经济上承担不起作画的成本。"

7. 内燃机（19 世纪晚期）

内燃机将空气和燃料变成动力，最终取代了蒸汽机。

8. 牛痘疫苗（1796 年）

天花曾是世界上传染性最强的疾病之一。18 世纪，欧洲天花死亡人数曾高达 1 亿 5 千万人。1796 年，英国医生爱德华·詹纳利用牛痘病毒来预防天花，不仅挽救了数亿人的生命，也开辟出了一个新的领域：免疫学。

9. 互联网（20 世纪 60 年代）

互联网是数字时代的基础设施。它实现了信息的交换和资源的共享，让世界成为一个紧密联系的整体。

10. 蒸汽机（1712 年）

1698 年托马斯·塞维利、1712 年托马斯·纽科门和 1769 年詹姆斯·瓦特制造了早期的工业蒸汽机。蒸汽机的出现引发了 18 世纪的工业革命。直到 20 世纪初蒸汽机仍然是世

界上最重要的原动机，为工厂、火车和轮船提供动力。

11. 固氮技术（1909 年）

氨是重要的无机化工产品之一，在国民经济中占有重要地位。除氨水可直接作为肥料外，农业上使用的氮肥，例如尿素、硝酸铵等都以氨为原料。固氮作用是分子态氮被还原成氨和其他含氮化合物的过程。

12. 卫生系统（19 世纪中期）

卫生系统问世是人类目前比 1880 年人均寿命约多 40 年的一个主要原因。

13. 制冷技术（19 世纪 50 年代）

美国当代科技作家乔治·戴森说："发明制冷技术改变了我们的吃饭乃至生活方式，其深远意义几乎与发现烹饪方法相当。"

14. 火药（10 世纪）

火药出现在中国隋唐时期。随着大唐盛世的对外开放政策，火药很快便传入了西方，并在科学、科技及军事等领域被广泛应用。

15. 飞机（1903 年）

1903 年,美国的莱特兄弟制造出了第一架依靠自身动力载人飞行的飞机"飞行者 1 号"，并且试飞成功。飞机改变了我们的旅行、战争方式以及我们的世界观。

16. 个人电脑（20 世纪 70 年代）

个人电脑的便携性真正实现了人类自由办公和足不出户看世界的梦想。

17. 指南针（12 世纪）

指南针的前身是中国古代四大发明之一的司南。它为人类的海陆航行指明了方向。

18. 汽车（19 世纪末）

汽车加速了人类的移动速度，节省了人类的交通耗时，丰富了人类的生活，加快了经济的发展。

19. 工业炼钢技术（19 世纪 50 年代）

贝西默炼钢法使钢铁的大规模生产成为可能，而大规模生产的钢铁又成为现代工业的基础。

20. 口服避孕药（1960 年）

口服避孕药掀起了一场社会变革。

21. 核裂变（1939 年）

核裂变是指由重的原子（主要指铀或钍）分裂成较轻原子的一种核反应形式。核裂变技术在破坏与创造方面赋予了人类新的力量。

22. 绿色革命（20 世纪中期）

将合成肥料（第 11 项）和科学植物育种（第 38 项）之类的技术结合起来大大提高了

世界粮食产量，使 10 亿多人免于挨饿。

23．六分仪（1757 年）

六分仪是一种用来测量远方两个目标之间夹角的光学仪器。利用六分仪可以测量某一时刻太阳或其他天体与海平线或地平线的夹角，以便迅速得知海船或飞机所在位置的经纬度。人们还可以使用六分仪确定星星的位置并制作地图。

24．电话（1876 年）

1876 年 3 月 10 日，美国发明家、企业家亚历山大·格雷厄姆·贝尔发明了电话。有了电话，人们的声音就可以"旅行"了。

25．按字母顺序排列法（公元前 1000 年）

人们可以利用这种方法对知识进行整理和快速检索。

26．电报（1837 年）

美国当代经济历史学家乔尔·莫基尔说，在电报发明之前，"传送信息最快的方式就是骑马"。正是电报的出现改变了这一现状。

27．机械钟表（15 世纪）

15 世纪，在德国纽伦堡，皮特·海因莱因制造了世界上第一台便携式计时器，同时发明了钟表发条。机械钟表可以让人们对时间进行测量。

28．无线电（1906 年）

1906 年，加拿大发明家雷金纳德·费森登首度通过无线电波发射出声音，无线电广播就此开始。无线电广播的出现，首次展示了电子大众媒体在传播思想和信息以及进行文化渗透方面的强大功能。

29．照相技术（19 世纪初）

照相技术改变了新闻学、艺术和文化，也改变了人们目睹自己真容的方式。

30．铧式犁（18 世纪）

铧式犁不仅能耕地，还能翻地。如果没有铧式犁，人们所知道的农业就不会在北欧或美国中西部存在。

31．阿基米德式螺旋抽水机（公元前 3 世纪）

阿基米德式螺旋抽水机被普遍认为是古希腊哲学家阿基米德的众多发明之一。它是历史上第一个将水从低处传往高处的抽水机。这种水泵不仅改变了灌溉方式，使灌溉变得省时省力，而且被很多污水处理厂用于污水处理。

32．轧棉机（1793 年）

轧棉机曾使美国南方的棉花产业制度化。

33．巴氏杀菌（1863 年）

巴氏杀菌指的是通过加热给葡萄酒、啤酒和牛奶消毒，是路易·巴斯德的细菌理论首

次投入实际应用的成果之一，被普遍视为史上最有效的公共卫生干预措施之一。

34. 格列高利历（1582 年）

格列高利历（即现行公历）由儒略历改进而来，给文明社会提供了一个准确又可靠的公务与民用的日历系统。

35. 炼油技术（19 世纪中期）

如果没有炼油技术，石油钻井技术（第 39 项）将变得毫无意义。

36. 汽轮机（1884 年）

汽轮机是一种以蒸汽为动力，并将蒸汽的热能转化为机械功的旋转机械，是现代火力发电厂中应用最广泛的原动机，被广泛应用在电站、航海和大型工业中。

37. 水泥（公元前 1000 年）

水泥使得人类的房屋越来越高，桥梁越来越长，道路越来越宽，建筑速度越来越快，城市规模越来越大，彻底改变了人类的进程和地球的面貌。

38. 科学植物育种法（20 世纪 20 年代）

20 世纪初，一些科学家发现了奥地利植物学家孟德尔写于 1866 年关于植物遗传的论点。至此，人们才了解了科学育种的奥秘。

39. 石油钻井技术（1859 年）

石油钻井技术推动了现代经济的发展和地缘政治的出现，但也导致了气候变化。

40. 帆船（公元前 4000 年）

帆船同飞机一样，改变了人们的旅行、战争方式和世界观。

41. 火箭技术（1926 年）

火箭是目前唯一能使物体达到宇宙速度、克服或摆脱地球引力、进入宇宙空间的运载工具。乔治·戴森说："这是迄今为止我们走出地球的唯一办法。"

42. 纸币（11 世纪）

"纸币"是处于现代经济核心的一个抽象概念。

43. 算盘（公元前 3000 年）

算盘是提高人类智力的首批工具之一。

44. 空调设备（1902 年）

空调能够满足使用者及生产过程的要求、改善劳动卫生和室内气候条件。空调的出现改善了人类的生活，加速了人类的发展。

45. 电视（20 世纪初）

电视把世界带到了人们的家庭中。

46. 麻醉法（1846 年）

1846 年 10 月 16 日，美国牙科医生威廉·汤姆斯·格林·莫顿在波士顿麻省总医院首

次向世界公开表演乙醚麻醉。莫顿的墓碑上写道："在他以前，手术是一种痛苦；从他以后，科学战胜了疼痛。"

47．钉子（公元前 2000 年）

美国当代历史学家莱斯利·伯林说："钉子使人们有了栖身之地，进而延长了寿命。"

48．杠杆（公元前 3000 年）

古埃及人在建造金字塔时没有车轮，据信当时他们严重依赖杠杆。

49．装配线（1913 年）

1913 年，美国福特公司在底特律建成世界上第一条汽车自动流水装配线，首次实现汽车的批量生产。装配线使基于手工艺的经济变成了大众市场经济。

50．联合收割机（20 世纪 30 年代）

联合收割机推动了农业现代化，使人们可以从事新型工作。

 **创新故事**

从笑气到乙醚

19 世纪以前，科学家还没有发明麻醉剂，病人进行外科手术时要忍受极大的痛苦。为了减少痛苦，医生有时用压迫颈动脉的办法使病人休克昏迷，有时用棍棒把病人打昏，然后再开刀。但是，开刀过程中，病人会苏醒过来，痛得大喊大叫、手脚乱动。

1844 年，美国化学爱好者柯尔顿制造了一些笑气（学名一氧化二氮），在街头进行表演。他告诉听众，谁愿意吸一点笑气，就会高兴得发笑。有个年轻人自告奋勇，吸了笑气后，变得兴奋异常，连跑带跳，跌了一跤。虽然鲜血直流，他却一点也不觉得痛。

乙醚与麻醉

观众中正好有一个牙科医生韦尔斯。他了解拔牙的痛苦，既然笑气能止痛，那岂不是可以用于拔牙吗？于是他在自己的身上做试验，吸足笑气以后进行拔牙，果然一点也不觉得痛。但是，有一次他给病人拔牙时，由于笑气用量不足，病人痛得直叫，以为韦尔斯是一个骗子，说无痛拔牙是撒谎。

韦尔斯的助手莫顿由此得到启发：笑气的麻醉作用还不够理想，需要寻找更好的麻醉剂。他向一位化学家杰克逊求教，后者向他说起了一件往事：有一次，杰克逊吸了一些乙醚，竟无知无觉地睡着了。于是，莫顿决定试试乙醚的麻醉效果。他先用猫狗做试验，一试果然有效。接着他对自己用乙醚进行试验，证明乙醚确有麻醉作用。后来，莫顿正式将乙醚用于手术前的麻醉，病人在手术时一点也不觉得疼痛。由此，开启了外科手术麻醉的时代。

二、心动时刻——中国的创新

中国古代因为创新缔造了很多传承千年的故事，如鲁班发明锯子、张衡创造地动仪等。很多故事至今仍广为流传，其中有很多创新甚至推动了世界经济和文明的发展，如中国的四大发明——造纸术、印刷术、火药和指南针。事实上，中国在历史上的原创性重大发明层出不穷，涵盖天文、历法、地理、数学、医学、农学、手工业、冶炼、造纸等各个方面。聪明的中国人几乎在每一个领域都有了不起的发明创造。

 你知道吗

中国历史上的 24 项原创性创造发明

1. 粟作和稻作

中国是世界三大农业起源地之一。距今约一万年前的农业革命以谷物种植为主，对中国上古文明的发展起了巨大的推动作用。北方地区早期以粟黍为主，南方地区则以水稻为主，两者都原产于我国，是先民们的主要粮食来源。袁隆平的超级水稻栽培技术堪称世界级的原创性重大发明，可视作中国稻作在当今的延续。

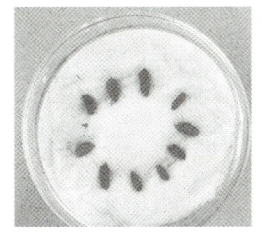

河姆渡文化炭化稻谷

2. 蚕桑丝织

考古发掘表明，蚕桑丝织这一技艺始创于五千年前的新石器时代晚期，约与黄帝在同一时期。作为蚕桑丝织的母国，中国的丝织品在世界上享有盛誉。著名的丝绸之路对丝织品贸易的发展和东西方文化的交流起了巨大的促进作用。

3. 琢玉

古语云："玉不琢不成器。"琢玉是一种以轮带动作精细加工的工艺，可琢深孔和细如发丝的纹饰，为上古时期的高精技术。红山文化、凌家滩文化和良渚文化出土的精美玉器都经琢制而成。

4. 汉字

汉字是中国人无与伦比的一大发明。从甲骨文、金文到汉隶、楷书……汉字的创建和演变与世界上其他文字迥然不同，它的形、音、义的构成都自成一格。作为世界上使用人数最多的文字，汉字将随着中国的崛起进一步走向世界。

5. 木结构营造技艺

数千年来，中国人的居室、作坊、官殿、庙宇均以木结构建筑为主，而与欧洲古代以石构建筑为主判然有别。木结构是中华民族的又一独特创造，其梁柱结构、榫卯连接、前堂后室的格局、城市的中轴线对称布局、斗拱、藻井等均自成体系，对中国的周边国家具有重大的影响，在当今也仍有现实价值和发展空间。

6. 青铜冶铸术

中国的青铜冶铸术虽起步较晚，但却后来居上且自成体系，如具原创性的井巷木结构支护、竖炉、"硫化矿—冰铜—铜"冶炼工艺、分铸法、失模法等技艺均由先秦矿师和铸师率先发明，为创建灿烂的商周青铜文明做出了巨大贡献。

7. 十进位值制记数法

以数所在位置决定数的值、逢十进位的计数方法称为十进位值制记数法。中国至迟在春秋时期已经采用十进位值制记数和四则运算。这是中国人在数学领域内的一项原创性重大发明，之后为世界各国所普遍采用。

8. 以生铁为本的钢铁技术

中国早在春秋时期便已发明了生铁冶铸术，比西方大约早 2 000 多年，从而创造了辉煌的钢铁文明。

《天工开物》中的锤锚图

9. 中式烹调术

中式烹调术在炊具、技法、菜式、餐具等方面都与西方大异其趣。诸如用铁锅炒菜，用筷子进食，以及色香味俱全的各色面食细点、八大菜系、素席、药膳以及著名的北京烤鸭等，无不脍炙人口，彰显着中国饮食文化和烹饪技艺的独创、卓越与精致。

10. 中医

被誉为"岐黄之道"的中医体系博大精深，约自周代起逐步形成，后经长期发展趋于成熟和完善。在五行生克、经络和脏腑学说的理论指导下，望闻问切、方剂、炮制、针灸、正骨等医术无不具有鲜明的中国特色，数千年来和藏医、蒙医等一道，为国人的健康、民族的繁衍生息做出了巨大贡献。

11. 髹（xiū）饰

髹饰是漆艺的古称。中国是漆树的原生地，早在新石器时代晚期人们便用漆装饰和保护器物。战国时漆器已有很高水平，所制器物非常精美。明代黄成所著《髹饰录》是漆艺的最早专著。

12. 制瓷

中国是瓷器制作的母国，其英文名称 China 即由此而来。原始瓷早在商代便已出现，青瓷烧制技艺至东汉趋于定型。之后，历经唐宋至明清，各类瓷器精彩纷呈，成为民众居家必用之物，且大量外销产生了世界性的巨大影响。

13. 造纸术

纸的发明与推广应用从根本上改变了文字书写载体及传承方式，为世界文明发展做出了巨大贡献，也为印刷术的发明与推广应用创造了前提条件。

14. 漏刻

漏指漏壶，刻为箭刻，即有时间刻度的标尺。漏刻可借水流量测度时间。漏刻起源甚早，汉代时人们将单壶沉箭法改成双壶浮箭法，提高了它的计时精度。在公元18世纪以前，漏刻一直是世界上最精确的计时仪器。

15. 印刷术

印刷术由中国始创经历了从隋唐时期的雕版印刷到北宋的活字印刷，中国印刷术传播到了韩、日等国，之后又被引入欧洲，对世界文明发展产生了巨大促进作用。

16. 茶的栽培和焙制

中国是茶树的原生地。经过长期的实践，人们逐渐掌握了茶树栽培、茶叶焙制及饮用的成套技艺，养成了饮茶的习俗。唐代陆羽（人称"茶圣"）据此撰述了名为《茶经》的专著。

17. 指南针

中国人早在战国时期便具备了某些磁学知识，发明了司南。而用磁针导航始自宋代。指南针和船尾舵、水密隔舱、对风力的有效利用等杰出发明一起，为远洋航行的航向把握、动力与安全性提供了保障，从而改变了人们对地球的认识，极大地扩大了人类文明的发展空间。

中国古代的创新发明

18. 火药

火药的发明与炼丹术有紧密的联系，硫磺、硝石和木炭混合加热的爆燃现象是在唐代发现的。黑火药的配方首载于北宋曾公亮所著的《武经总要》，其后由阿拉伯人传至欧洲，几经改进，在军事上显示出了巨大威力，并在工业上得到广泛的应用。

19. 深井开凿技术

自宋代起，人们开始开凿小口径的卓筒井，用来汲卤煮盐。之后，约于明代发展成使用冲击式顿钻法以及泥浆提升、固井防塌、钻具打捞等技法的成套深井开凿技术，至清代井深可达千米，为现代油气深井开凿之先河。

20．水运仪象台

四川自贡地区至迟自宋1092年创制的水运仪象台，是以水为动力，由一系列齿轮机构传动，集天象观测、演示和计时等功能于一体的大型天文仪器。它是世界上第一座天文钟，也是古代最大最复杂的机械装置，标志着中国中古时期天文仪器和机械设计制作所达到的水平。

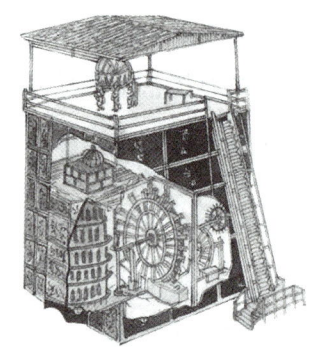

水运仪象台复原图

21．珠算

算盘是最早的计算器之一。"珠算"一词始见于战国，但用算盘做珠算成熟于宋代，有《清明上河图》所绘实物为证。这一发明极为卓越和独特，充分表现了中国人的巧思。

22．火箭

由喷射推进的火箭是中国人最早发明的。至迟在公元13世纪上半叶，筒式的飞火枪已在战争中使用。明代火箭武器的射程可达三四百米，并出现了集束式火箭、飞弹型火箭、二级火箭和往复式火箭的雏形，是现代火箭和导弹的先导。

23．发酵酿造技术

白酒、白兰地、威士忌并称为世界三大蒸馏酒。其中，唯独中国的白酒是由人工制曲、用内含真菌和酵母的曲种来发酵的，这是人类最早利用微生物的生物工程实践。这一技艺还广泛用于醋、酱和酱油的酿制。韩国的大酱、日本的酱汤也都源自中国。

24．精耕细作的生态农艺

约从战国时代起，精耕细作逐步成为中国农业生产的一项传统，经长期发展至明代趋于定型。集土壤整治、田间管理、多熟种植、维持地力、良种选育、能量循环等众多配套措施的农艺体系，既合乎人口多、耕地少的国情，又与注重环保和生态平衡的现代理念相契合，从而在当前和未来的农业生产中仍具有充沛的生命力和广阔的发展前景。

 树德创新

创新让人们的生活更美好

造纸术和活字印刷术的发明让阅读变得方便轻巧，瓷器的发明让饮食变得洁净典雅……古代的中国就在用科技创新改善人们的生活。

中华人民共和国的成立点燃了中华民族科技复兴的希望。尤其在"十三五"期间，人们更加深刻感受到了科技创新给生活带来的美好改变。从几乎无所不能的智能手机，到乘坐一天就能跑遍中国的高铁，再到精准定位、实时导航的"中国北斗"……科技创新让老百姓的"衣食住行用"都变得非常方便。从微信到抖音，从网购到打车，从街头

巷尾的快捷支付到足不出户的外卖订单，科技创新已深入到人们生活的方方面面。

如今，在全球新一轮科技革命中，中国吹响了建设世界科技强国的号角。"大众创业、万众创新"的时代正在到来。创新让人们的生活更美好！

【点拨】创新，不仅是为了彰显大国力量，更是为了改善人们的生活质量、提高人们的生活水平。生活中，我们处处能够感受到创新带来的美好。因此，我们也要努力成为创新队伍中的一员，为人类社会的美好改变做出积极的贡献。

创新故事

晋商乔致庸

乔致庸是清朝末年山西晋商的代表，在家族生意生死存亡的关键时刻，他弃文从商，接手生意。在他的不断努力下，乔氏家族生意日渐兴隆。清末，乔氏家族已经在中国各地有票号、钱庄、当铺、粮店 200 多处，资产达到数千万两白银。在国弱民贫的清朝，晋商能够走向全国，实属不易。

乔致庸的创新之处体现在以下几点。

第一，伙计持股。在乔致庸之前，一个商家有多个店铺，每个店铺有一两个掌柜，还有十几个伙计。伙计干四年学成后就会跳槽，但掌柜一般会持续干下去。原因在于掌柜是有股份的，每年都会有大量分红，而伙计则没有股份。乔致庸不想让优秀的人才流失，于是就大胆提出由伙计持股，这样伙计挣得多了，也就不想跳槽了。这一创新将持股这种福利从掌柜层引入到了伙计层。

第二，设立掌柜退休金。对于掌柜来说，干了几十年之后，带着积蓄告老还乡，收入来源一下子就没有了，会对晚年生活产生忧虑。乔致庸为了激励掌柜的工作积极性，在掌柜退休后，会继续发工资，直到老死。这样掌柜觉得服务东家几十年，东家则养自己一辈子，真是个划算的"买卖"。这一创新将发工资从工作期间扩展到了退休以后。

第三，扩大经营。乔致庸无意间得到了前人的经商地图，如获珍宝。他从地图上发现，还有很多地方自己没去过，很多生意自己没做过。他的经商思路一下子打开了。于是他开始涉足其他行业，例如将武夷山的茶叶卖到蒙古、俄罗斯。

第四，汇通天下。当时买卖人把挣的银子从一个地方运到另一个地方是一件很有风险的事情。各个商家需要由自己的护送团队，外加镖局来运送，耗费大量人力物力。为了解决这个问题，乔致庸设立了票号，商家可以将银子存入当地的票号，然后凭票据从其他地方的票号取出银子。这样就省得带着银子到处跑了。乔致庸解决了银子携带的问

题，使得商家可以在全国各地做生意了，即货通天下。他当时在清朝全国 13 个省都开了票号，实现了汇通天下的理想。

世界以及中国的这些创新已经永久地载入史册，在人类进步的文明史上，将会永远光彩夺目、熠熠生辉。

 讨论与分享

讲一个你知道的中国历史上的创新小故事。

 **第三讲　见证创新之力**

领略了创新的历史之美，我们来到了现代社会。一切如同江河入海，跳跃着、奔腾着、向前涌动着，信息、技术和产业的发展日新月异。不管是国家、企业，还是个人，如果停滞不前，就会被时代的潮流淹没。摩托罗拉、诺基亚和雅虎的时代已经一去不复返，新兴的各种事物不断涌现，快节奏、高品质的生活呼唤更加新鲜的事物。在这种情况下，国家想要立足世界之林，必须走创新之路；企业想要立于不败之地，也必须改革创新；个人想要成就一番事业，更需要大胆创新。

一、创新助推强国

创新已经成为当今社会发展的重要动力，世界上的强国、富国，无一不是通过走创新发展之路富足、强盛起来的。

（一）第二次世界大战后德国的复苏

第二次世界大战让整个德国都陷入了无尽的深渊。1946 年底遭到彻底破坏的德国迎来 20 世纪最寒冷的冬天，数十万人死于饥饿和寒冷，国家几乎陷入"毁灭"的境地。1947 年，德国等西欧国家通过参加欧洲经济合作与发展组织接受了美国包括金融、技术、设备等各种形式的大量援助。这时期，时任德国总理的路德维希·艾哈德提出了一套独具特色的方案，即用物美价廉的"德国制造"占领世界市场，发展德国经济。1948 年 7 月，路德维希·艾哈德当机立断，把数百条经济管制（如物价限制、票证配给等）通通扔进了废纸篓，同时大幅削减税率，使原本绝望的人们看到了曙光。具体来说，当时德国采取的市场经济手段主要有以下几点。

（1）既反对经济上的放任自由，又主张国家要尽量少地干预经济。

（2）既保障私人企业和私人财产的自由，又对资本的某些权利予以限制，让公众得到好处。

（3）建立完善的社会保障体系。

进入 20 世纪 50 年代以后，德国经济飞速发展，实现了贸易顺差，国民生产总值年均增长率远超美、英、法等国，迎来了国家复兴的黄金发展期。

（二）一度令人瞩目的韩式奇迹

2013 年，韩国人均 GDP 达到 2.5 万美元，且连续五年处于增长之中，增速达到 3%。这在当时的发达经济体中相当于高速发展。并且，韩国已经突破了"中等收入陷阱①"，而步入了高收入水平国家的行列。

与"韩流"一起流行于世界的还有韩国的品牌，其中现代、LG 等品牌已经跻身于国际品牌行列。2020 年，世界 500 强企业中，韩国上榜 14 家。

与韩国经济实力和地位相匹配的是韩国在国际的身份得到认同。2010 年首尔成为 G20 峰会的举办地，这是 G20 峰会首度在亚洲国家举行。联合国三大机构领导人中有两位出自韩国（裔），前联合国秘书长潘基文和前世界银行行长金墉都生于韩国。

时光倒流 30 年，韩国也许不敢想象今天的情景。韩国经济成功的秘诀是完成了从政府主导下的追赶式经济增长向以自主创新为基础的智能经济的转型。尽管近些年，韩国的经济有所下滑，但其创造的经济奇迹也是一度令人瞩目的。

 讨论与分享

> 日本作为第二次世界大战的战败国，为什么能迅速发展为当今的世界强国？答案是创新。每年的 4 月 18 日是日本的"全国发明节"；日本的学校、企业会开设大量的创新课程。正是对创新的重视，使得日本的经济迅速发展。
>
> 在日常生活中，你有哪些经常使用或见到的日本产品，你觉得它们好在哪里，和同学展开讨论。

二、创新成就企业

政策的创新引领着经济腾飞，经济腾飞带动了社会生活方方面面的进步，老百姓成为最大的受益者。不但国家需要创新，企业同样需要创新。创新直接决定着企业的发展和财

---

① 中等收入陷阱是指当一个国家的人均收入达到中等水平后，由于不能顺利实现经济发展方式的转变，导致经济增长动力不足，最终出现经济停滞的一种状态。

富的聚集。

著名发明家爱迪生说过："天才就是九十九分汗水加一分灵感。"但这一分灵感恰恰是最重要的，创意和灵感创造价值。创新思维是知识经济时代和创新经济时代的"新货币"，而"思想经济"和"创意产业"就是创新经济时代的曙光。创新型企业是伴随着西方进入后工业化社会和全球经济进入"新经济"时代而出现的新的企业形态。高效、高质量、高度灵活是创新型企业的基本特征，创新型企业需要创新型的领导者和决策者。

创新故事

前联合国秘书长潘基文评价乔布斯说："他不仅改变了我们的生活，更改变了整个世界，他是一个真正具有全球影响力的人。这样的时代英雄将一直活在我们的心中。"

1976 年乔布斯与他人合伙成立苹果电脑公司，制造出世界上首台苹果电脑。从此他开始了一生追逐完美的梦想，踏上了改变世界的旅途。"活着就是为了改变世界。"乔布斯坚信只有创新才能推动行业的发展和人类的进步。他总是用自己的创新行动来践行着对完美的追求。

1977 年乔布斯在美国第一次计算机展览会上展示了 Apple II，提出了"个人计算机"的新概念。

1983 年乔布斯把鼠标引入电脑当中，推出全球首次采用图形用户界面和鼠标的个人电脑，开创了行业的先河。

1984 年乔布斯在苹果公司年度股东大会上推出了首台 Mac 个人电脑，取得了巨大的成功。

1986 年乔布斯成立皮克斯动画工作室，潜心 10 年，在 1995 年推出全球首部 3D 立体动画电影《玩具总动员》，轰动一时。他不断追求创新的产品改善，影响着我们的生活，悄然改变着我们的世界。

1997 年乔布斯出任苹果首席执行官并推出 iMac，不久 iMac 就成为美国最畅销的个人电脑。这一年，他成为《时代周刊》封面人物，同时被评为最成功的管理者。

2007 年乔布斯推出超薄数码音乐播放器和 iPhone 手机。当时 iPhone 被行业认为是个笑话，但它成功发布后就改变了手机行业的格局，成为引领电子产品的时尚潮流。同年，乔布斯被《封面》杂志评为年度最伟大的商人。

2010 年苹果平板电脑 iPad 正式发布，掀起了平板电脑的热潮。随后推出了引人瞩目的第四代 iPhone 手机。

2011 年 8 月初，乔布斯将苹果公司送上了上市公司顶峰的位置，当年苹果公司的市值约 3 371 亿美元，成为全球最大市值的上市公司。

乔布斯将一生都献给了追求完美和改变世界的事业。他的努力彻底改变了个人电脑、动画电影、数码音乐播放、移动电话和平板电脑五大行业。他的一生成为创造力、想象力和持续创新的终极标志，铸就了一座高不可攀的时代丰碑。

独特的创新总是能让人耳目一新，同时带来惊人的成果——或挽救企业或创造惊人的财富。现如今，企业竞争越来越激烈，一些小企业和小公司只有不断运用新奇的点子，才能在大集团和大公司的夹缝中求得生存、获得发展。大集团和大公司也只有不断创新，才能长久地立于不败之地。

抢市场如同打飞靶

海尔作为民族产业的排头兵，也是创新的参与者和直接受益者。创新是海尔文化的灵魂，也是海尔进军国际市场的不竭动力。海尔集团 CEO 张瑞敏认为，进入知识经济时代，创新要获得成功，首先得有市场需求，瞄准市场就如同打飞靶，需要有前瞻性，必须不断地创新才有生命力，设计的价值就是为市场服务。

以海尔打开巴基斯坦的洗衣机市场为例。通过观察，海尔发现由于民族信仰的习惯，巴基斯坦人不论男女，大都身着长袍。洗这种长袍，需要大功率洗衣机。所以，为了打开巴基斯坦市场，海尔开发了适合当地的大功率洗衣机。在销售卖场上，他们当场展示了海尔大功率洗衣机的"威力"，马上赢得了巴基斯坦消费者的认可。

海尔打进韩国市场也是一次创新的壮举。一开始，海尔洗衣机在韩国市场的销售业绩很不理想。有一次，张瑞敏到韩国朋友家做客，了解到很多韩国住宅的阳台都是敞开式的，不像中国把阳台封闭起来。而且为了防止下雨天进水，他们就把阳台地面设计出了一个大约 12 度的坡度。而大部分韩国人都习惯把洗衣机放在阳台。这样，张瑞敏就找到了海尔洗衣机在韩国滞销的原因：海尔洗衣机的"脚"是固定的，放在有坡度的阳台上，肯定不平稳，影响了顾客的使用体验和洗衣效果。回国后，张瑞敏马上找来研发部人员，及时调整了产品设计，给洗衣机安上了可调节高度的"脚"。加上海尔产品的良好性能与服务质量，海尔在韩国的市场也慢慢打开了。

海尔通过自身的实践，总结出一条经验：技术创新最重要的是要有市场效果，这是检验技术创新成功与否的唯一标准。"在我看来，卖出去，才是硬道理。"张瑞敏如是说。

海尔经验告诉我们，要创新，思维的改变是关键，创新的第一步是打破思维定势。因此，在企业创新发展过程中，要形成一套自身的品牌观念、市场观念、用人观念、管理观念体系，从而形成具有本企业自身特色的企业文化，成为员工共同遵循的价值观和行为准则，成为企业发展的行动指南。

创新训练

1. 有一名非常善辩的律师，办理离婚案件一贯站在女方立场，且为女方进行免费辩护，从而使女方从男方那里多得赡养费。然而，有一次这个律师自己出现了离婚问题，而这个律师仍不改变立场，仍为女方免费辩护，结果又使女方多得了赡养费，而且该律师在钱财上又没有什么损失。会有这样的事情吗？

2. 19 世纪中叶，美国加州掀起了一股淘金热潮。17 岁的农村青年亚默尔也加入到了这支寻找金矿的大军中。挖矿的山谷里，气候干燥，水源奇缺，亚默尔不止一次听到有人抱怨说："真叫人受不了啦！现在谁能给我一壶水，我就给他一枚金币。"亚默尔自己也同样深切感受到了缺水带来的困难和痛苦，他来到矿山已很长一段时间了，终日劳苦，备感艰辛，却一直毫无所获。根据这一情况，你认为亚默尔该怎样做呢？

三、创新中的中国

党的二十大报告明确指出，教育、科技、人才是全面建设社会主义现代化国家的基础性、战略性支撑。必须坚持科技是第一生产力、人才是第一资源、创新是第一动力，深入实施科教兴国战略、人才强国战略、创新驱动发展战略，开辟发展新领域新赛道，不断塑造发展新动能新优势。

为什么我国政府对自主创新越来越重视呢？

（一）严峻的中国制造

从改革开放到现在，中国已经取得了举世瞩目的成绩，成为世界最大的加工厂。但是，我们更多的是替外国品牌做贴牌生产，少有世界水平的本土品牌。在世界品牌实验室评出的 2020 年世界品牌 500 强中，我国只有 43 个，远低于美国的 204 个，与法国、日本也有一定的差距。

从科技创新的角度可将全球制造业分为四级梯队：第一梯队是以美国为主导的全球科技创新中心；第二梯队是高端制造领域，包括欧盟、日本；第三梯队是中低端制造领域，主要是一些新兴国家，包括中国；第四梯队主要是资源输出领域，包括 OPEC（石油输出国组织）、非洲、拉美。我国想要进入第一、第二梯队还有很长的路要走。

（二）亟待创新的中国经济

中国经济经过改革开放四十多年的高速增长，创造并积累了令世界瞩目的国民财

富。"十三五"规划收官之年——2020年，中国的GDP已达101万亿元。但长期高速增长的经济在促进财富快速积累的同时，也让我们付出了沉重的代价，如收入差距扩大、环境污染日趋严重。我们过去依靠资源等要素投入推动经济增长和规模扩张的粗放型发展方式已经难以为继，必须找到财富创造的新动力。

这个新动力就是科技创新。从世界经济发展史看，正是三次科技革命的爆发，促进了生产力的大发展和财富的大创造。美、日、英等发达国家普遍经历过新旧动能转换的艰难过程，当旧动能增长乏力的时候，正是依靠科技创新作为新动能，才实现了发达国家经济持续增长的动力支撑。比如，美国20世纪90年代之所以能够取得新经济的辉煌，最重要的原因就在于这一时期，美国企业界掀起了一股由高科技部门带动的科技创新浪潮。据美国政府专利局统计，截至1999年底，美国共有发明专利约600万项。其中，自1991年以来的新经济时期发明的专利占其中的20%以上，尤其是在电脑、通信和生物技术领域的创新层出不穷。美国能在这一轮经济复苏中走在前列，也与其在能源、信息、智能制造等领域的发展，以及苹果、亚马逊、特斯拉等公司的日新月异是分不开的。可见，发达国家早已渡过"用资源、用环境"换取财富增长的阶段。"用技术、用创新"赚钱，不仅有效减少了经济增长中付出的代价，而且使得经济发展更有后劲，更加可持续。中国经济要持续稳定发展，也必须加快科技创新，让科技创新成为驱动发展的新引擎。

从世界范围看，现阶段我国尚不是技术发明的强国，更由于市场化改革起步时间不长，企业在技术创新的竞争中也还没有突出的优势。我国企业想要在全球化的竞争中取得成功，应因势而行，运用适合自身的创新模式。

 创新故事

华为

华为，创立于1987年，从一个名不见经传的民营科技公司已快速成长为世界500强和全球通信行业的领导者。目前华为约有19.7万员工，业务遍及170多个国家和地区，服务全球30多亿人口。

华为从小到大、从大到强、从国际化到全球化的过程，就是基于创新的成功。

华为在过去的30年基于客户需求的技术和工程创新1.0时代，在工程、技术、产品等方面锐意创新，引领产业的发展。看得见的是产品，看不见的是背后的技术。华为设有60多个基础技术实验室，引进700多名数学博士，200多名物理和化学博士，对材料

扫一扫
华为创新之路

的抗腐蚀研究，让产品适应各种环境；对石墨烯的研究，让电池散热效率大幅提升；无风扇的散热设计，让基站体积缩小30%……

众所周知，信息产业经历了 50 多年的高速发展，如今遇到了发展瓶颈。首先是理论瓶颈。理论成果通过技术和工程创新转换成市场需要的产品是产业发展的不二法则。然而，信息通信领域的基础理论——"香农定律"（发表于 1948 年），到如今的 5G 时代已发展到极限。其次是工程瓶颈。"摩尔定律"驱动了信息和通信技术（ICT）产业的高速发展，但目前也遇到了工程瓶颈。此外，2018—2020 年，中美贸易大战，美国对华为实施制裁，多家公司将不再供应芯片给华为。

面对发展瓶颈与外部环境的巨大压力，华为没有退缩，而是大步迈向基于愿景驱动的理论突破和基础技术发明创新的 2.0 时代。华为已致力于芯片的自主研发，并于 2019 年 9 月 6 日，在德国柏林和中国北京同时发布芯片麒麟 990 系列；并且，华为自主研发的系统——鸿蒙 OS，于 2019 年 8 月 9 日正式发布；此外，华为联合运营商和行业伙伴，在工业、交通、能源等多个行业进行了 5G 创新的积极探索和商用落地，于 2020 年开启了 5G 元年……华为的时代还远没有结束。

（三）如何增强我国创新能力

党中央始终把创新引领作为发展新起点上的第一动力，统筹谋划、优化我国科技事业发展总体布局，致力于建成创新型国家。同时，在建成世界科技强国道路上迈出了坚实步伐，也在全社会营造出浓厚的创新氛围。应当说，我们比以往任何时期都更加理解创新对一个国家、一个民族实现可持续发展的意义。中国的创新还有很长一段路要走，时代的重任已经交到了我们的手上。增强我国创新能力可以从以下几个方面着手。

（1）挖掘和吸取中外创新文化的精华，弘扬创新精神和激励创新英雄人物的产生，从政策制定、制度建设、经营理念、法律法规、文化环境等方面营造有利于创新精神、行为、成果产生的社会环境，让创新具有广阔的生长空间和肥沃的生长土壤。

（2）树立以创新能力为核心的素质教育新观念，大力开展从幼儿园、小学、中学到大学、研究生教育创造力开发的理论研究和教学实践活动，把创造力的培养作为检验教育质量的一个重要指标，从娃娃开始、从教育入手研究和探索增强我国创新能力的途径。

（3）崇尚科学精神、原创精神，规范知识产品市场行为，制定原始性创新的支持和奖励政策，进一步完善科研体制。各级政府根据本地区的实际情况大力培育创业服务中心和创新市场，用市场机制促进创新行为的产生，使原始性创新具有良好的内部条件和外部环境。

（4）在政策上和资金上向具有自主知识产权的企业倾斜，鼓励企业研制开发具有自主知识产权的产品，在市场上为其大开绿灯，用经济运行规律和经济体制形成创新产品和创新技术从产生到获益的良性循环机制。

中国创新令世界惊叹

依靠科技创新，我国用70年的时间走完了发达国家几百年走过的工业化历程，从一穷二白成长为世界第二大经济体，迈向高质量发展的新时代，其背后创新的速度、高度、深度都让世界惊叹。

这里有令世界惊叹的中国速度——时速350公里的复兴号高铁列车，从北京到广州朝发夕至；一秒运算千万亿次的超级计算机，屡次问鼎全球冠军；开启商用的5G网络，几秒能下载一部影片。今日之中国，1小时能生产大约1.5亿斤粮食，处理约600万件快递，往来货物贸易额超过5亿美元……

中华人民共和国成立70年以来，特别是改革开放40多年来，中国发生了翻天覆地的变化。其中，中国高铁是最好的见证，也是中国经济高速发展的缩影。1978年3月，全国科学大会提出"科学技术是生产力"，迎来我国"科学的春天"，当年，中国高速铁路里程还是零。而截至2020年底，中国铁路营运里程达14.6万公里，其中高铁里程近3.8万公里，超过世界高铁总里程的三分之二，成为世界上唯一高铁成网运行的国家。

这里有令世界惊叹的中国高度——国产大飞机C919首飞3 000米；国内首架大型双发长航时无人机成功首飞6 000米；在数百公里外的太空轨道，神舟飞天、北斗组网，中国卫星世界瞩目；38万公里之外的月球，嫦娥四号首探月背，嫦娥五号完成中国历史上第一次月表取样……"两弹一星"梦、载人飞天梦、探月梦，中国人一步步攀登，都顺利实现。

这里有令世界惊叹的中国深度——3 658米，国产钻井平台的最大作业水深，"可燃冰"喷薄而出；7 018米，中国探钻新纪录；10 767米，大洋底下潜的新标杆，万米深海从此打开大门。

从"解锁"深层页岩气田，到科学开发城市地下空间，从不断鼓励原始创新、掌握核心技术，到强调以科技夯实国家强盛之基……70多年岁月荏苒，几代中国科学家前赴后继，镌刻下一个又一个中国深度，标注中国探索的新刻度。

中国速度、中国高度、中国深度的背后，凝聚着一代代杰出科学家的心血智慧，从钱学森、邓稼先、周光召，到袁隆平、程开甲、钱七虎等历届国家最高科学技术奖得主，中国今日的科技成就，是一代一代科学家脚踏实地干出来的。回顾中华人民共和国成立70多年来科技发展的历程，我们既不妄自菲薄，也不妄自尊大，站在新的历史起点，总结经验，振奋人心，继续开启新的征程！

【点拨】创新，是一个民族进步的灵魂，是一个国家兴旺发达的不竭动力，也是中华民族最深沉的民族禀赋。

习近平总书记十分重视创新，他在党的二十大报告中反复强调创新的重要性，并提出加快实施创新驱动发展战略。坚持面向世界科技前沿、面向经济主战场、面向国家重大需求、面向人民生命健康，加快实现高水平科技自立自强。以国家战略需求为导向，集聚力量进行原创性引领性科技攻关，坚决打赢关键核心技术攻坚战。加快实施一批具有战略性全局性前瞻性的国家重大科技项目，增强自主创新能力。

创新训练

1．假如1=5，2=25，3=255，4=525，那么5=？

2．晚清书画家竹禅和尚有一次被召到官里去作画，慈禧太后要求他在一张五尺宣纸上画一幅九尺高的观世音菩萨像，如果你是竹禅和尚，你将怎样画呢？

第四讲　展望创新之路

一、创新改变世界

自人类诞生的那一刻起，创新一直在改变世界，改变我们的生活。从1771年法国工程师居纽设计出蒸汽机三轮车到如今的混合动力汽车，汽车让我们的生活越来越便捷；信用卡的出现不仅改变了全人类的消费方式和消费习惯，而且带动了一个产业的发展；集装箱高度自动化、低成本和低复杂性的货物运输改变了世界的经济形态⋯⋯生活工作中那些看似不起眼的小物品，如橡皮、回形针、拉链、遥控器、易拉罐、计算器等，给人类生活带来了妙不可言的改变。

还有很多看似简单，却蕴含革命性前景的构想正静静地躺在实验室或你的思维里，等待着破茧而出、改变世界。

（一）超级机器预测未来

如果你将有关这个世界的所有数据输入一个黑盒子，这个黑盒子就会变成一个水晶球，可以让你窥见未来，甚至还可以根据你的选择来预测将要发生什么。这个创意的提出者是德克·赫尔宾。

德克·赫尔宾（Dirk Helbing）是一位物理学家，他试图花费10亿欧元来打造一个计算系统，用以对世界上将要发生的事情做出有效预测。赫尔宾的系统不仅限于用来预测金融、政策或环境等某一方面。他的目标非常明确，那就是要预测一切，即这个世界上的所有事情，从而找到决策者面临的最棘手问题的解决方案。这个项目的核心部分被称为"活地球模拟器"（Living Earth Simulator）。它试图利用大量的数据流、复杂的算法和尽可能多的硬件来模拟一个全球尺度的系统——包括经济、政治、文化趋势、流行病、农业、技术发展等。这个系统是对"巨量数据"最具雄心的表达，在许多科学家看来，该创意堪与当年望远镜或者显微镜的发明相媲美。

（二）货币：皮肤中的钱包

你能想象吗？学生们进入食堂，在餐盘里盛满饭菜后，径直走向收银机，对它挥挥手，便可安心地与同学们一起享用午餐了。据报道某学校在收银机里安装了一种仅有一平方英寸大小的传感器，它可以根据学生手掌静脉血管的分布模式来识别每一位学生。这样买午饭既不用刷卡，也不用付现金了，学生的手就成了他们唯一的钱包。这就是富士通 PalmSecure 系统的神奇功能。有了富士通 PalmSecure 系统帮忙，食堂队列的移动加快了，学生排队等待的时间缩短了一半。管理着 30 多家医院的美国卡罗来纳医疗系统也采用了同样的技术来识别 180 万名患者，而日本的三菱东京 UFJ 银行也把掌纹识别技术作为一种附加交易验证手段。

（三）手机：健康的守护神

大多数人都是直到忍受不了头痛、胸痛等不适或发现可疑的肿块时才去就医，但当这类症状出现再采取措施可能为时已晚。为了尽早发现病症，需要对个人身体健康状况进行连续不断的监测，而这项任务或许可交给手机承担。事实上，手机能够连续不断地发出数据流，如果它能实时将收集到的用户健康信息发送出去，由健康监视系统接收并加以分析，便可以在病人症状初现时便做出诊断，以免小病拖成大病、增加治疗费用和治愈难度。理论上，这种永远处于开机状态的警报系统可以消除体内无数危及健康的定时炸弹，将治疗慢性疾病的开支减少75%，还能延长患者的寿命。

（四）计算：像人脑一样思维的芯片

微芯片设计师达门德拉·S.莫达（Dharmendra S. Modha）的团队里竟有一名精神病医生。当然，这并不是因为莫达担心团队成员的精神健康，而是因为他们正在研究一种模拟神经元的微芯片。他们这个名为神经性自适应塑料可微缩电子系统（英文名称 SyNAPSE）的项目正在打造一种由 100 亿个神经元和 100 万亿个突触构成的微处理器，规模大致与人脑

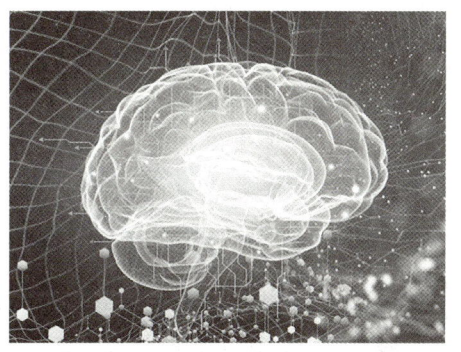

的一个半球相当。研究者预计它的体积不超过两升，功耗约 1 000 瓦。

常规芯片必须通过唯一的一条狭窄通道来传递指令和数据，这就限制了传输的最高速度。而莫达和他的团队在尝试建立一种新的结构，即让每个人造神经元都拥有单独的通道，从而使大规模并行处理从一开始就成为芯片的内嵌功能。莫达说："我们正在建造的是一种通用基底，是一项可为多种应用服务的平台技术。"

佐治亚州立大学的神经科学家唐·爱德华兹（Don Edwards）指出，这一构想如果成功，那将是模拟神经元网络领域 30 余年来最大的成果。西雅图 Cray 公司副总裁巴里·博尔丁（Barry Bolding）断言："神经形态处理为那些借助传统电脑设计很难解决或根本无法解决的问题开辟了广阔的前景。"

二、创新创造财富

创新最大的魅力就是带来财富。创新是企业家的"内在因素"和灵魂，是创造更多财富贡献社会的强烈冲动和社会责任。

 创新故事

美国《财富》公布了 2020 年世界 500 强榜单，基于过去一年在零售和技术服务业务上的高质量增长，京东集团的排名提升至 102 位，位居中国零售及互联网行业第一、全球互联网行业第三。

从 2016 年第一次跻身《财富》世界 500 强至今，京东集团的排名提升了 264 位。这些年来，京东集团在零售、数字科技、物流、技术服务、健康、保险、产发、智联云和海外业务上的布局取得全面突破，正在推进从中国最大的零售平台向以供应链为基础的技术与服务企业的跨越。2019 年，京东集团的全年净收入达到 5 769 亿元，同时，净服务收入继续保持着 44% 的高速增长，占整体净收入的比例已提升到 11.5%。

京东的天量财富与其创新能力是分不开的。自 2004 年正式涉足电商，12 年内，京东完成了"三张大网""211"物流网络的建设，保证了用户体验优势；完成了从单一的3C 电商，到覆盖家电、日用消费品、生鲜、服饰、图书等综合性购物平台的转变；完成了从数千用户到现在 2 亿用户的积累！

在优化供应链管理方面，京东着力建设智能供应链、实现企业的数字化转型。其智能供应链与实体经济深度融合，为商家提供商品采购、库存、履约等全流程的智能决策系统，打通从供给侧到需求侧的高效信息通道。以 2020 年的"双 11"购物狂欢节为例，京东平台与超过 55% 的品牌商产生数据协同，帮助超过 500 万种商品进行销售预测，每天给出超过 30 万条供应链智能决策。通过智能预测、自动调拨和智能履约，京东智能供应链支撑 32 个省市自治区、近 200 个城市的大促预售商品的前置决策。

> 智能供应链平台能够为现代供应链的生产、流通、消费三大应用场景助力。以京东为宝洁量身打造的数字化全链路直供项目为例，通过优化供应链中物流、信息流、现金流三个核心管理流程，京东与宝洁实现平台无缝对接，实现了从销售预测、订单处理、物流配送、验收付款的全链路无人化操作，交货期缩短，端到端运营效率大幅提升。

在日常生活中，在企业的发展过程中，经常会遇到各种各样的危机，而"危机"中往往蕴藏着"新机"。善于创新、发现"新机"就能转化"危机"，化腐朽为神奇。

创新故事

佩拉索是美国一家喷绘公司的老板，最近他的心情可不太好，因为一场半个世纪以来最严重的干旱正在侵袭美国大部分地区，很多树木和草坪都变得无精打采。尽管佩拉索每天都精心打理自己家的草坪，但昔日绿意盎然的小草还是一天天地枯萎了。这让孩子们不能再像以前一样在草地上追逐嬉戏了。

一天，佩拉索和妻子面对着枯黄的草坪，正愁眉苦脸地想着对策。这时，一群年轻的男孩从草坪前走过，他们的打扮很新潮，尤其是头发，被染成了红、黄、蓝、绿各种各样的颜色。妻子感慨道："要是小草也能像人的头发那样染色就好了。"

妻子的话让佩拉索陷入了沉思：是啊，自己的喷绘公司可以为墙壁染色，为什么不能试试给小草染色呢？他当即急奔到公司，命研发部配制出一种能给小草上色的环保无毒的染料。

很快，新的染料配制出来了。佩拉索迫不及待地给自己家的草坪染了色，仿佛上帝的手拂过似的，那些枯黄的小草立即抖擞精神，恢复了绿油油的生机。更神奇的是，染料上的水分会让小草存活下来，所以3个月都不用为小草浇水了。

焕然一新的草坪，让一家人开心不已，同时也吸引了邻居的目光，大家纷纷上门请教。这让佩拉索看到了商机，为何不开展给小草"染发"的业务呢？

于是，佩拉索把自己家的草坪拍下来，做成海报，并将公司名称改为"草坪更绿"。

旱季早已让人心情低落，每个人都需要用嫩绿的草坪来提振士气。听说枯黄的草坪可以更绿？这让那些为草坪枯死而焦虑不已的人看到了希望，他们纷纷打电话到佩拉索的公司，希望给自己家的小草染染色。佩拉索的公司迎来了业务旺季，每天忙得不可开交，不仅要为居民的草坪染色，还接到了政府的订单——要为街道两旁的公共草坪染色，使其焕发生机。

还有一些客户提出了特别的要求，既然枯死的草坪能被染成绿色，是不是也能被染成其他颜色呢？佩拉索很快又配制出了其他颜色的染料，顾客想让自己的草坪变成什么颜色都可以，神秘的紫色、尊贵的金黄色、浪漫的粉色，草坪真的就像人的头发，可以根据主人的喜好，随时变色。

给草坪"染发"的业务进行得如火如荼，很多没有受到干旱侵袭的地区也对这种另类草色产生了兴趣，为了突显个性或者看够了千篇一律的绿色，很多人希望佩拉索为自家的草坪染上个性的颜色。如此一来，即使旱季过去，佩拉索依然有做不完的生意，赚了个盆满钵满。

三、创新改变命运

人生的境遇各种各样，有些人在顺境时按部就班，平淡无奇；在逆境时却背水一战，激发出生命顽强的潜能，对这些人来说，危机就是转机。对企业家来说，他们站在市场经济的列车上呼啸向前，绝无退路可言，危难当头，与其因循守旧，不如推陈出新；与其故步自封，不如轻装前行；与其身陷泥潭，不如壮士断臂。在面对生活的困难险境时，创新就是一条出路。

 创新故事

老干妈辣酱

这里讲一个老干妈辣椒酱的故事。

老干妈每天卖出 130 万瓶辣椒酱，2019 年销售额突破 50 亿元；多年来，老干妈从没改变过一手交钱，一手交货的规则；老干妈产品遍布 30 多个国家和地区，"有华人的地方，就有老干妈"；老干妈几乎从不做广告，完全靠消费者的口口相传；老干妈最大的意义是提高了华人对辣椒的接受度和依存度，改变了华人的口味。

这个在中国各大超市热销，并远销到世界各国的辣椒酱品牌创始人陶华碧却是个只上过三天小学、目不识丁的妇女。但是她却将"老干妈"经营为全国的知名品牌，创下 3 年缴税 18 亿元，产值 68 亿元的成绩，并且直接或间接带动 800 万农民致富，为此政府奖励陶华碧 4 个连排号车牌——贵 AA8888。

陶华碧 1947 年出生于贵州省湄潭县一个偏僻的山村。20 岁时，她嫁给了地质队的一名队员，但没过几年，丈夫就病逝了。1989 年，她用省吃俭用积攒下来的一点钱，在贵阳市南明区龙洞堡的一条街边，用四处捡来的砖头盖起了一间房子，开了"实惠餐厅"，专卖凉粉和冷面。为了佐餐，她特地制作了麻辣酱，专门用来拌凉粉，结果生意十分兴隆。后来，她看准了麻辣酱的潜力，从此潜心研究起

老干妈

来。经过几年的反复试制，她制作的麻辣酱风味更加独特。1996 年 7 月，她借南明区云关村委会的两间房子，招聘了 40 名工人，办起了食品加工厂，专门生产麻辣酱。1997 年 6 月，"老干妈麻辣酱"经过市场的检验，在贵阳市稳稳地站住了脚。1997 年 8 月，"贵阳南明老干妈风味食品有限责任公司"正式挂牌。陶华碧将公司的管理人员派往广州、

上海和深圳等开放城市，到一些知名企业去学习先进的管理经验和技术。之后派出去的管理人员陆续回来，逐步使公司走上了科学化管理的道路。

　　家庭贫困，丈夫早逝，没有文化，这些困难摆在别人面前，都是高山险阻，但对陶华碧来说，都是可以克服的，她通过勤奋努力，大胆创业，收获了自己的事业，同时改变了自己的命运。

　　也许有些时候命运并不像我们想的那样一帆风顺，而是会有磕磕绊绊。命运关上了一扇门，同时也打开了一扇窗。如果我们在某一方面失去了一个机会，就说明在另一方面又会得到一次机会。对某些人而言，也许命运只为其留下了一条路，但只要找准了那条路，就能够走向成功。

创新故事

　　吕伟涛，生于 1982 年，来自汕尾市海丰县的一个农村家庭，是一位发明创新性残障用品的残疾人。

　　在吕伟涛未满周岁时，生了一场重病，使他双腿残疾。就在他最需要亲人的照顾时，却失去了最珍贵的母爱。一张板床，两扇门窗，四面土墙，满地爬行，构成了他的童年。12 岁时，因为没钱治病，他只好把双脚捆在床板上，在没有麻醉的情况下，强忍着剧痛，硬是将腿脚拉直，为学拄拐杖行走创造了条件。可是初学拐杖时，因为双腿没有支撑力，爬起来又摔倒，又爬起来……在一次又一次的摔倒后，最终，吕伟涛靠拐杖站起来了！

　　学会靠拐杖站立后，吕伟涛渴望能上学读书。就在 13 岁那年，他靠着平时自学的一点知识，给村小学校长写了一封渴望读书的信。校长被他的真诚感动了，破例同意让他直接入读小学六年级第二学期。入学后他拼命学习。半年后，吕伟涛如愿考上了初中，之后又考上县的重点高中，先后担任班长、团支书、学生会主席等职务，成了同学们学习的榜样！

　　毕业后，为减轻家庭负担，吕伟涛毅然选择了就业。一个人到广州、深圳等地打工，刚开始他只能找到一份没底薪的业务工作。有一次，他要去见客户，天却下起了大雨。为了如约见到客户，无法撑伞的吕伟涛，艰难地拄着拐杖走在倾盆大雨中，当他浑身是水出现在客户面前时，客户由衷地向他竖起了大拇指并让他拿下了一大笔订单。就这样，吕伟涛很快就成了公司里的业务主管。

　　在日常生活以及跟各地残疾朋友的交流过程中，吕伟涛发现残疾人用品存在着许多缺陷。于是，他萌生了改进残疾人用品的想法，希望通过创新的力量改变残疾人的生活。因此，他又自学了机械、电子和材料等专业知识，动手制作模型、样品，不但在自己的生活中试用，而且还寄给各地的残疾朋友试用，根据他们使用后反馈的意见，他又对产品进行改进。吕伟涛省吃俭用，把有限的资金都花在购买材料和工具上。经过几年的研

发，吕伟涛做出了一系列残疾朋友喜用的产品。

2008年他在农村的家乡创办了海陆通辅具用品有限公司。他发明的"汽车手动刹车、油门控制装置"，获得国家专利，并仅靠自己的双手就把汽车开遍了十几个省份。这也推进了下肢残疾人驾驶合法化的进程。

吕伟涛的另一项国家专利发明——"关节式防滑拐杖头"，在各类环境下既防滑又耐用，给残疾人的生活带来极大的方便，还被汕尾市残联、南京市残联、北京市残联等机构采购来发放给有需要的人。在首届全国肢残人辅助器具创新设计大赛上，他发明的"关爱车"和"拐杖头"荣获两项发明创新奖，在表彰会上，得到了张海迪主席的肯定和赞扬！

吕伟涛先后被评为"广东省残疾人十佳创新人物""汕尾市高级拔尖人才"，也被选为汕尾肢残协会副主席。2014年，吕伟涛荣获"广东省青年五四奖章"和"全国自强模范"等称号！这些荣誉和职务，对他来说是一份肯定，也是一种责任，更是一种把发明转化为产品的动力。

创新不一定都能成功，但人生却需要常怀鸿鹄之志。天才也需要磨炼，逆境也是成就梦想、创造未来的基石。

创新训练

1．如何把草木灰（草烧掉后剩下的灰）搓成绳子？

2．有一块木头，上下一样粗，如何分出哪端是上，哪端是下？

3．某人有过这样一次经历：他乘坐的船驶到海上后就慢慢地沉下去了，但是，船上所有的乘客都很镇静，既没有人去穿救生衣，也没有人跳海逃命，却眼睁睁地看着这条船全部沉没。为什么？

 ## 创新活动营

我眼中的创新

活动描述：全班学生分组，以"我眼中的创新"为主题，交流并探讨对创新的认识和理解。

活动目标：在小组讨论中，迸发思想的火花，加深对创新的理解。

活动准备：白纸、便利贴、马克笔、碳素笔。

活动步骤：

1. 将学生分为8组，每组选出1名小组长，每个小组起一个名字。

2. 小组成员每个人在便利贴上写下自己对创新的理解。

3. 把便利贴贴在大白纸上，小组内针对便利贴上的内容相互交流，展开讨论，并汇总讨论结果。

4. 将讨论结果的关键词用马克笔写在大白纸的空白处，小组长代表小组向全班展示。

专题二

开发个人创新潜能

内容提要

专题一中我们开启了创新之门，领略到了创新让世界更美丽，感受到了创新的独特魅力。从专题二开始我们要从门外汉变成主人翁，要认识到不单单只有爱迪生、乔布斯等人才能创新，我们普通人也能创新。当然，任何创新的开始总是有这样或那样的困难，但只要我们找准方向，坚持不懈，相信未来的日子里，我们就会成为创新的践行者。让我们一起准备行囊，向创新迈进吧！

 **第一讲　突破自我，培育创新意识**

创新的路上有你，有我，有大家。"打铁还需自身硬"，即将踏上征程的我们，准备工作一定得做充足，唯有此，我们才能少走弯路，并且走得更远。

扫一扫

创新是树也是网

一、创新可大可小

对于创新，我们需要走出两大误区。一是创新必须完全打破现有的、旧的东西，建立全新的事物。但其实改进和改良也是创新。二是创新必须是大发明、大创造。事实上，一个小点子，一个小创意，一个小改进也是创新。

创新有两种。一种是从 0 到 1，即从无到有，天才般地凭空创造出来；另一种是从 1 到无穷大，即在现有基础上，一点一点地完善，最终达到脱胎换骨的效果。所以说，创新可大可小，生活、工作中处处有创新的影子，如果你是个善于发现的有心人，你会看到无数

的创意在四处绽放。

 创新故事

扩大 1 毫米

有一家牙膏公司生产的牙膏品质优良、包装精美，深受广大消费者的喜爱，其营业额蒸蒸日上。记录显示，公司成立后的十年内，每年的营业额增长率都是 100%，令董事会雀跃万分。不过，公司进入第 11 年、第 12 年及第 13 年时，营业额增长则停滞不前。董事会对这三年的业绩表现感到不满，便召开全国经理级高层会议，商讨对策。会议中，有位年轻经理站起来，对总裁说："我手中有张纸，纸上有个建议，若您要使用我的建议，必须另付我 5 万元！"总裁听了很生气地说："我每个月都支付你薪水，另有分红、奖金，现在叫你来开会讨论，你还要另加 5 万元，是否过分？""总裁先生，请别误会。若我的建议行不通，您可以将它丢弃，一分钱也不必付。"年轻的经理解释说。"好！"总裁接过那张纸后，看完，马上签了一张 5 万元的支票给了那位年轻经理。那张纸上只写了一句话：将现有的牙膏开口扩大 1 毫米。总裁马上下令更换新的包装。试想，每支牙膏的开口扩大 1 毫米，每天牙膏的消费量将多出多少倍呢？这个决定使该公司第 14 年的营业额增加了 32%。

一个小小的创新改进，就让公司渡过困境，化险为夷。

二、你我皆可创新

（一）创新是人脑的一种机能和属性——与生俱来

创新离不开人的大脑，创新的过程就是人的脑力劳动过程。科学研究表明：大脑以"梅森——迪克森线"（神经）为界，被分为左脑和右脑。左脑主要控制语言、推理、分析、运算、书写、阅读、五感等，属于理性思维；右脑主要控制情感、记忆、音乐节奏、图画、想象、身体协调等，属于感性思维。例如，说出口的一句话，左脑负责语言标准、语句通顺有条理，右脑则负责使语言具备节奏和韵律，即左脑负责说什么，右脑负责怎么说。

在社会秩序还没有建立之前，人们善于将理论知识经过分析后运用于社会实践中进行创新，即左脑思维的比重较大。在社会秩序建立之后，人们在物质需求得到满足的同时开始追求精神文明，对生活质量的要求不断提高，因此在如何更好地呈现产品和想法，如何设计出当下更符合需求和审美的产品方面，右脑思维的比重日益凸显。

人类拥有强大的大脑，而创新是人脑的一种机能和属性，同时调动左右脑进行思考则是发挥人类大脑潜能的最佳思维模式。所以我们在创新过程中既要注意理性的思考，又要提升感性的认知。

（二）创新是人类自身的本质属性——人人皆有

处处是创造之地，天天是创造之时，人人是创造之人。

——陶行知

有人认为只有智商过人、天资聪颖之人才可以创新，一般人创新谈何容易。是的，也许智商超群更容易创新，但是毕竟大部分人都是普通人，那工人、农民就不能创新吗？博士生就一定能创新吗？答案当然是否定的，事实是：天生其人必有才，天生其才必有用，人人皆可以成才，人人皆可创新。

"三百六十行，行行出状元"，而称之为"状元"之人，必定有其过人之处。过人之处很多都是体现在创新精神上。例如，流水线上的工人师傅工作久了，可能会对机器进行改造，使机器达到最优效果；商家经商久了，也会策划更吸引人的营销方案。金昌本地的地嵌式垃圾桶就是一个普通工人所研制，这一创新为金昌本地文明城市和卫生城市贡献颇大。所以说生活处处皆学问，处处皆可创新，人人皆可创新，创新与学历无关，创新与年龄无关，也许你就是未来之星。

 创新故事

双剑绣花针

武汉市义烈巷小学五年级学生王帆从小就有发明梦想。平时他会看姑姑刺绣(湘绣)。姑姑在一个很大的棚面上绣花时，双手分工合作，一只手在棚面上，一只手在棚面下。每绣一针，包括：扎下—线拉直—翻手，随即针尖调转向上—扎上—线拉直—翻手，随即针尖调转向下，第二针再扎下……王帆觉得用这种针绣花很费时间，就开始思考有没有节省时间的刺绣方法，最终发明了双剑绣花针。双剑绣花针的两头都是尖的，针眼在针的中部。使用这种针绣花时，每绣一针的动作只需扎下—扎出—线拉直，不用再翻腕调换针头的方向，大大简化了手部的动作。而且拔针后便立即可以从上一针旁扎出，方便了从反面扎出时的针定位。双剑绣花针提高了刺绣的速度和质量，减轻了劳动强度。王帆同学因此获得了国家专利。

创新也是不分时间、地点的，只要善于思辨，善于抓住生活中的灵感，并将想法付诸实践，就可以创新。人人都有创新潜力，人人都可以创新。

 创新故事

面包与火箭

苏联火箭专家科罗寥夫为解决火箭上天的推力问题，苦恼万分，食不甘味。妻子问明原因后说："这有什么难的呢？像吃面包一样，一个不够再加一个，还不够，继续增加。"

他一听，茅塞顿开，遂采用三节火箭捆绑在一起进行接力的办法，终于解决了火箭上天的推力难题。火箭推力这一复杂问题的解决仅仅就是靠妻子对一个吃面包问题的回答。

（三）创新可以被某种因素激活——潜力巨大

创新并不是高不可攀的事，每个人都有某种创新的能力。创新能力是每个人所具有的自然属性与内在潜能，普通人与天才之间并无不可逾越的鸿沟。俄罗斯著名的世界象棋冠军阿廖欣，1938年在芝加哥用12小时的时间同时下32盘盲棋，他能够记住2万个棋谱，能在乘坐汽车的30分钟内，记住300个单词。阿廖欣向我们展示了人类巨大的记忆潜力。而通过训练，人的记忆能力可以达到

扫一扫
心算大帝刷新世界纪录

惊人的水平。日本有一个人为了训练自己的记忆力，可以背下圆周率达4万位的值，需要四五个小时才能背完。我国史丰收先生发明的速算法，6位数乘以6位数的结果能够脱口而出，心算速度比计算器还快。

 树德创新

挖掘潜力，为人生创造更多可能

世界著名企业家希尔顿说过："许多人一事无成，是因为他们低估了自己的能力，妄自菲薄。一块价值5元的生铁，铸成马蹄铁后可值10元；若制成工业磁针可值3 000多元；倘若制成手表发条，其价值可达25万元之多。"

潜力，是一个无比美妙的词语。它洋溢着乐观、自信，蕴藏着才华、智慧，预示着我们未来的无限可能。挖掘潜力，我们就可以化平凡为伟大，化腐朽为神奇；不挖掘潜力，妄自菲薄，我们就容易沦为平庸之辈，自怨自艾，在痛苦的泥潭中挣扎。华盛顿最初只是个验货员，毛姆写作之前从事的是医学工作。但他们最终都找到了能发挥自己才智的事业，并取得了成功。

那么，怎样才能挖掘自身的潜力呢？答案是成长。成长涉及方方面面，成长呈现多种姿态。自我意识的成长，帮助我们明确人生的目标和意义；性格的成长，帮助我们拥有更好的品质；职业技能的成长，帮助我们在事业上有所进步；处理人际关系能力的成长，帮助我们成为更好的朋友和亲人……

【点拨】人的才智各不相同。我们要通过挖掘潜力，发挥自己独特的才智。所以不要因外界的声音而故步自封，勇敢地去尝试、去开拓、去成长、去挖掘自己的潜力吧！

每个人的大脑潜力巨大，其创新的潜力同样巨大，外界的环境刺激加上强大的动机、经验的积累，创新的能量就会被激活。

世界上的每一分钟，每一秒钟，可能都会诞生一个创新，可以是大的，也可以是小的，激活创新的灵感会在一个意想不到的瞬间出现。人的灵感无处不在，无论何时何地，也无论从事何种活动，都有可能闪现出灵感。著名的音乐家施特劳斯、贝多芬都是在一次漫步中，被周围的情景所打动，突然获得了灵感，分别写出了轰动乐坛的不朽篇章——《蓝色的多瑙河》和《月光奏鸣曲》。

读书、旅游、散步、冲浪、洗漱、睡梦等都是产生灵感、激发创新的契机，甚至在逆境和苦难中也会产生灵感。

 你知道吗

网络上总结的最佳创意时间

第一，坐在马桶上时；第二，洗澡或刮胡子时；第三，上下班公交车上；第四，快睡着或刚睡醒时；第五，参加无聊的会议时；第六，休闲阅读时；第七，进行体育锻炼时；第八，半夜醒来时；第九，从事体力劳动时。

那么，你的灵感在什么时候出现过呢？

创新训练

1. 选出以下 5 个词当中与众不同的词，并说明你的理由。

房屋　　冰屋　　平房　　办公室　　茅舍

2. 说说未来汽车的设计理念。

三、创新要有思路

创新没有定势，关键要有思路。"兵无常势，水无常形"，是指用兵打仗最讲究一个"奇"字。同样的道理，在商业竞争中，企业如果能打破常规，开阔思路，大胆创新，往往能取得良好的效果。

思路决定出路，创新并不神秘，顺势而为或反常而行都可创新。

 创新故事

皮尔·卡丹的顺势而为

时装界的专家曾调侃说："如果没有皮尔·卡丹的表率作用，全世界不会有这么多的人穿上古驰的皮衣，拉尔夫劳伦的衬衫和奥斯卡·格拉林塔的衣服。"

皮尔·卡丹是一位知名的服装设计师。他从时装起家，并逐步进军领带、鞋子、内衣、饭店、影院等领域，造就了皮尔·卡丹帝国。欧洲的时装史学家认为，皮尔·卡丹

在时装界的成长过程就是他的创新过程。皮尔·卡丹最大的成功不在于他的帝国版图有多大，而在于他60多年来从未停止的创新精神。英国报纸评论说，历史证明，皮尔·卡丹是时装界最为勇敢的旗手。人类的每一次进步都促使皮尔·卡丹有所创新。

1965年，全球发生了社会性的革命——人类涉足了太空。皮尔·卡丹成功利用人类进入宇宙这个契机来为时装业开拓了新的疆土——推出了宇宙服装系列，这套很像宇航服的服装很快在欧洲和美国流行起来。同一时期，英国的披头士风靡了整个欧洲和北美。看准了通俗音乐的流行趋势，皮尔·卡丹又设计和生产了甲壳虫式的时装，并迅速风靡。

独树一帜、独具一格的思路直接决定我们的出路，对企业、个人都是如此。放弃因循守旧，选择大胆创新，我们就会离成功的彼岸越来越近。

在人类发展史上，许多有价值的发明一开始都是一些出乎意料的发现。例如具有黏性的便条是偶然发现不太有黏性的胶黏剂的结果；1870年，一个叫汤马斯·亚当的人在业余时间用树胶的处方做实验，无意间做出了第一批口香糖。

可见创新并不神秘，打破常规、顺势而为、逆向而行，都可以创新。有道是"条条大路通罗马"，相信只要坚持下去，就会有所创新、有所突破。

 讨论与分享

丰都鬼城是一座起源于汉代的历史文化名城，被人们传为"鬼国京都""阴曹地府"。它位于重庆市下游丰都县的长江北岸，是长江游轮旅客的一个观光胜地。鬼城以各种阴曹地府的建筑和造型而著名。鬼城内有哼哈祠、天子殿、奈河桥、黄泉路、望乡台、药王殿等多座表现阴间的建筑。它不仅是传说中的鬼城，还是集儒、道、佛为一体的民俗文化艺术宝库，是长江黄金旅游线上最著名的人文景观之一。

说一说丰都鬼城的创新之处在哪里？

 创新训练

1. 6只杯子一字排在桌上，前3只杯中盛水，后3只是空杯。至少需移动几次杯子，使得任何相邻两只杯子必为一只空杯，一只盛水杯？

2. 已将一枚硬币任意抛掷了9次，掉下后都是正面朝上。现在你再试一次，假定不受任何外来因素的影响，那么硬币正面朝上的可能性是几分之几？

3. 旅行家萨米·琼在周游世界之后，回到他阔别10年的故乡。他向人们诉说了这

10 年中他在世界各地的所见所闻。他还向人们提出了两个怪问题。第一，在非洲的某地，他看到一个人的身体内有两颗心脏，而且都跳动得很正常。你说，这有可能吗？第二，在大洋洲的某一个村庄里，所有的人都只有一只右眼。你说，这有可能吗？

四、培养创新意识

创新大部分都是通过后天的训练获得的。创新意识、创新思维以及创新能力都是不断通过知识的积蓄、实践经验的积累，一点点从无到有，由小变大，由失败到成功。从天而降的创新是不存在的。灵感也是在无数次碰壁后，才会降临到某个人的头脑中。创新意识是创新活动展开的第一步。

（一）创新意识的定义

创新意识是指人们根据社会和个体生活发展的需要，引起创造前所未有的事物或观念的动机，并在创造活动中表现出的意向、愿望和设想。它是人类意识活动中的一种积极的、富有成果性的表现形式，是人们进行创造活动的出发点和内在动力，是创造性思维和创造力的前提。一个从来都不曾想过改变，没有一点创新意识的人，迟早会被社会淘汰。

创新故事

> 一家外贸公司的总经理对人事经理说："找一个优秀可靠的职员来，我有重要的工作交给他做。"
>
> 人事经理拿来了一本卷宗对总经理说："这是他的资料，他在本公司工作了 10 年，没有犯过任何错误。"
>
> 总经理说："我不要这个 10 年没有犯过错误的人。我要一个犯过 10 次错误，但是每次都能立即改正，得到进步的人。这才是我需要的人才。"
>
> 没有犯过错误的员工不一定是优秀员工，中规中矩不敢越雷池一步，如何创新呢？

职场流行这样的看法：一流员工主动创新，二流员工被动创新，三流员工拒绝创新。那么你想成为哪类员工呢？想做一流的员工，就时刻准备着自己的创新意识。

创新意识包括创造动机、创造兴趣、创造情感和创造意志。创造动机是创造活动的动力因素，它能推动和激励人们发动和维持进行创造性活动。创造兴趣能促进创造活动的成功，是促使人们积极探索新奇事物的心理倾向。创造情感是引起、推进乃至完成创造的心理因素，只有具有正确的创造情感才能使创造成功。创造意志是在创造中克服困难，冲破阻碍的心理因素，创造意志具有目的性、顽强性和自制性。

创新意识以思想活跃、不因循守旧、富于创造性和批判性、具有敢于标新立异和独树一帜的精神和追求为主要表现。只有具备强烈的创新意识，才能敢想前人没想过的事，敢

创前人不曾创成的业。

 创新故事

清理火山灰

2011 年的一天，南美大陆最大的活火山群——普耶韦火山群开始喷发，上千平方公里的火山群持续喷射出炙热的火山灰，一时间火山四周如同人间地狱，大量的火山灰喷发之后借助风势沿着安第斯山脉蔓延。很快，智利和阿根廷两国的许多地方都覆盖了厚厚的火山灰。

普耶韦火山群的爆发在持续 20 天后渐渐进入了尾声，两国政府立刻展开了灾后重建工作。这时，无处不在的厚厚的火山灰成了两国政府最头疼的问题。

这些火山灰如果放任不管，就会随风四处飘荡，一旦被人吸进体内会造成极大的伤害。而由于火山灰质量轻不易堆积，一般的处理方法是掺水沉淀，然后再用大卡车一点点拉走，但用这种方法费时耗力。但两国政府一时也没有别的办法，除了祈祷上天多下几场雨之外，就只能一点点按部就班地清理火山灰了。

就在这时，阿根廷南部的一个小镇却成了众人的焦点。这座名叫安格斯图拉的小镇距火山口仅有 40 公里，全镇覆盖了厚达 30 厘米的火山灰，据估计总量多达 450 万立方米，至少需要 90 万车次大卡车才能清理完毕。面对如此严重的情况，镇长多明格兹却并不惊慌。根据经验，他知道火山喷发后阴雨天气较多，而事实也正是如此，连续两天的降雨使得火山灰的厚度减小了一半。另外，一部分火山灰可以用来替代砂石制造空心砖，或混合沥青作为道路的材料，目前多明格兹正与一些建筑商研究合作事项，并已经签订了几个意向性合同。

但是因为火山灰实在太多了，短时间内仍然无法清理干净。这时，多明格兹想出了一个绝妙的办法。

多明格兹经常上网，有一天，他和一个远在亚洲的网友聊天，那人得知他所在的小镇火山喷发有许多火山灰，就请求他寄一些过来留为纪念，并开玩笑说可以花一些钱买。正是这件事提醒了多明格兹，他立刻着手，在网上开了一家火山灰网店，开始向全球各地出售火山灰。出人意料的是，生意竟然好得出奇。许多生活在没有火山地区的人都纷纷订购了火山灰。多明格兹立刻面向全镇收购火山灰，一时间，小镇居民清理火山灰的热情大增，大家再也不是垂头丧气的样子，而是都变得兴高采烈起来。一小玻璃瓶火山灰售价 2 美元到 13 美元不等，仅仅两个月，小镇仅靠出售火山灰就净赚了 300 万美元。

小镇清理火山灰的妙招传开后，智利和阿根廷两国的灾区纷纷借鉴，并且又想出了不少清理火山灰的妙招，如制作雕塑艺术品、充当建筑填料等。

通过细心思考和大胆实践，火山灰不再是人们心中的难题，而变成了一笔笔滚滚而来的财富。在这个故事中，多明格兹的大胆创新不仅拯救了灾区，还让灾区的人们收获了巨大的财富。

（二）创新意识的特征

1. 新颖性

新颖性是创新意识最突出的特征。创新意识或是为了满足新的社会需求，或是用新的方式更好地满足原来的社会需求，创新意识就是求新意识。

吉列剃须刀

提到吉列，人们就会想到世界上最好的剃须刀——吉列剃须刀。他几乎掌管着全世界男人的胡子。

吉列剃须刀的创始人坎普·吉列于1855年出生于美国芝加哥的一个商人家庭。16岁那年，因为父亲的生意破产，他被迫辍学。走入社会后，吉列便开始做推销员，他先后推销过食品、日用百货、服饰、化妆品……吉列整日忙忙碌碌，每天都在公司和客户之间来回奔波。尽管他很勤奋，但事业还是没有多大建树。40岁那年，吉列仍是一家公司的推销员。

有一次，吉列去外地推销产品，因为急于出去找客户，刮胡须时，下巴被刮得血迹斑斑。他恶狠狠地扔掉剃须刀，怨恨地说：为什么就没有更方便、更锋利的剃须刀呢？

当时，男人们用的剃须刀是有柄可折式剃须刀，在使用这种剃须刀之前，必须学会如何在皮条上或石头上磨刀，并且还要随身携带装肥皂的杯子，以及涂敷皮肤割伤的止血剂。因此，有些人放弃了自己剃胡子的习惯，而经常去理发店剃胡子；也有些人干脆不剃胡须，因而蓄须成风。

吉列的这番怨气，倒是提醒了自己：我为什么不能研制自己想要的剃须刀呢？

随后，吉列立即从商店买来制作剃须刀用的锉刀、夹钳，以及制作剃须刀所需的钢片，开始潜心研制起剃须刀来。他提出了一种设想，即用一个像耙子那样的"T"形架子把刀片夹在中间，架子两面的夹片和中间的刀片几乎在一个平面上。这样，即使粗心毛躁的人，刮胡须时也不会刮破脸皮。而且，中间的刀片可以拆卸、更换，非常方便。经过八年的市场推销和广告宣传，吉列的安全剃须刀终于在美国消费者心中占据了一席之地。

正当吉列信心倍增，准备进一步开拓市场的时候，第一次世界大战爆发了。为了向世人展示美国军队的整齐与威严，美国政府特别重视士兵的军容仪表，这就给吉列带来

了机会。传统的剃须刀需要使用磨刀的皮条和磨刀石，放在行囊中很占位置，吉列剃须刀以安全轻便而大受美军欢迎。战后，士兵们带着吉列剃须刀回到了各自的家乡。第二次世界大战时，吉列公司仍以"劳军"的名义，把数量巨大的剃须刀作为军用品供应给美军，使吉列剃须刀进入上千万男人的视野。

这个故事中，吉列因为改变了原有剃须刀的不便，使新产品呈现出一种新颖的、方便的特质才受到全世界的欢迎，所以想要创新就要从新颖入手。

2. 社会历史性

创新意识的社会历史性表现在两个方面。一方面，创新意识是以提高物质生活和精神生活水平的需要为出发点的，而这种需要很大程度上受具体的社会历史条件制约，如在阶级社会里，创新意识受阶级性和道德观的影响和制约。也就是说，人们的创新意识激起的创造活动和产生的创造成果，是为人类进步和社会发展服务的，创新意识必须考虑社会效果。"三聚氰胺""苏丹红"也是新事物、新技术，但这是有违人类进步、有违社会道德的，所以这根本不是创新，而是违法。

另一方面，不同的历史时代，人们的创新意识也不尽相同，所以创新是针对当下的时代而言的，古人不会想到马车被汽车取代，更不会想到人类能登上月球。立足当下，把眼前的阻碍清除，把身边的不便化解，这就是创新意识。

3. 个体差异性

个体差异性是指人们的创新意识与其社会地位、文化素质、兴趣爱好、情感志趣等相关联，而在这些方面，每个人都会有所不同。

老师的预言

美国石油大王洛克菲勒出生在一个贫民窟里，他和很多孩子一样争强好胜，也喜欢玩，调皮甚至逃学。但与众不同的是，洛克菲勒从小就有一种善于发现财富的非凡眼光。他把一辆从街上捡来的玩具车修好，让同学们玩，然后向每个人收取 0.5 美分。在一个星期之内，他竟然赚回一辆新的玩具车。洛克菲勒的老师深感惋惜地对他说："如果你出生在一个富人的家庭，你会成为一个出色的商人。但是，这对你来说已经是不可能的事了，你能成为街头商贩就不错了。"

洛克菲勒中学毕业后，果真成了一名小商贩。他卖过电池、小五金、柠檬水，每一样都经营得得心应手。与贫民窟的同龄人相比，他已经可以算是出人头地了。但老师的预言也不全对，因为洛克菲勒很快就靠一批丝绸起家，从小商贩一跃成了大商人。

那批丝绸来自日本，数量足有一吨之多，因为在轮船运输过程中，遇到了风暴，这

些丝绸被染料浸染了。如何处理这些被染料浸染的丝绸，成了日本人非常头痛的一件事情。他们想卖掉，却无人问津；想运出港口扔掉，又怕被环保部门处罚。于是，日本人打算在回程的路上把丝绸抛到大海里。

港口区域里有一个地下酒吧，洛克菲勒经常到那里喝酒。那天洛克菲勒喝醉了，当他步履不稳地走过几位日本海员身边时，海员们正在与酒吧的服务员谈论那些令人讨厌的丝绸。说者无心，听者有意，洛克菲勒感觉到机会来了。

第二天，洛克菲勒来到轮船上，用手指着停在港口的一辆卡车对船长说："我可以帮你们把这些没用的丝绸处理掉。"结果，他没有花任何代价便拥有了这些被染料浸染的丝绸。然后，他用这些丝绸制成迷彩服装、迷彩领带和迷彩帽子进行出售。几乎一夜之间，他拥有了 10 万美元的财富。

有一天，洛克菲勒在郊外看上了一块地皮。他找到这块地皮的主人，提出他愿意花 10 万美元购买这块地皮。地皮的主人拿到 10 万美元后，心里还在嘲笑他："这样偏僻的地段，只有傻瓜才会出那么高的价钱！"令人意想不到的是，一年后，市政府宣布在郊外建环城公路。不久，洛克菲勒的地皮升值了 150 倍，城里的一位富豪找到他，表示愿意用 200 万美元购买他的地皮。但是，洛克菲勒没有出卖他的地皮，他笑着告诉富豪："我还想等等，因为我觉得这块地皮应该还会增值。"

果然不出洛克菲勒所料，3 年后，那块地皮卖了 2 500 万美元。

他的同行们很想知道当初他是如何获得那些信息的，他们甚至怀疑洛克菲勒和政府官员有来往。但结果令他们很失望，洛克菲勒没有一位在市政府任职的朋友。

洛克菲勒的创新意识来源于他对财富的渴望，他在不同地位想到和做到的事情也不尽相同。就像工人更多的创新意识来源于流水线，而商人更多的创新意识来源于商业策划。

（三）创新意识的培养

培养创新意识，首先要培养求知欲。"学而创，创而学"，这是创新的根本途径。只有具备勤奋求知精神，不断地学习新知识，才能在自主创新中发挥生力军作用。

创新故事

考泽是美国艾奥瓦州的农民，和美国西部其他农民一样，考泽以种植玉米为生。虽然美国是发达国家，但种田的农民也是很艰辛的。为了有个好收成，考泽要像照顾孩子一样照顾自己的庄稼。年复一年，他在田垄里风里来，雨里去，常常是落得一身泥巴点，累得弯了腰，生活却没有什么变化。种玉米，卖玉米，再种玉米，再卖玉米，几十年来，考泽一直在农田里重复着这个周而复始的过程。

玉米作为一种普通的粮食，它的价格是很低廉的，这是小孩子都知道的道理，但考

泽却不这样认为。他在玉米中捕捉着灵感，寻找着希望。他相信，那些玉米颗粒中一定潜藏着人们未发现的价值。

考泽开始查阅有关玉米的各种资料。有一天，考泽在互联网上偶尔看到一则消息：德国和日本生产出了燃烧乙醇的汽车。他立刻把这条消息和玉米联系在了一起，当时，人们的意识中玉米只是一种粮食，没有人想到蕴藏在玉米中的乙醇是可再生的能源。但考泽却产生了用玉米来加工乙醇的念头。考泽还了解到，石油资源的逐年减少，导致国际原油价格的逐年上涨，这使各国对能源的争夺越来越激烈，人类迫切需要一种新的能源。用玉米来加工出乙醇将会是一种新的能源获得方式。

新的发现让考泽兴奋不已，他找到周围的其他农民，希望他们能和自己一道来实现这一梦想。但是，很多农民听了之后都认为不可行，因为他们认为玉米里根本不可能产生汽车的燃料。考泽后来找到了一家科研机构商谈合作事宜，结果机构的负责人对考泽的想法很感兴趣。于是，他们和考泽共同成立了林肯威能源公司。2006 年 5 月，林肯威能源公司开始利用玉米来生产乙醇汽油。玉米脱胎换骨成为乙醇汽油后，其附加值开始成倍增长，考泽玉米变黄金的愿望终于成为现实。因为乙醇成为能源既可以减少温室气体的排放，又可以减少美国对外国石油的依赖，所以，玉米提炼乙醇将成为解决美国能源问题的办法之一。凭着这项创新，农民考泽成为美国《时代》杂志评出的 2006 年度最具影响力的人物之一。

试想如果考泽整天就是种玉米，而从来也不去思考，不去查阅关于玉米的各项资料，即使看到新闻，也不会想到玉米可以加工乙醇，那么玉米就还是玉米，考泽也就还是农民。所以说，是考泽强烈的求知欲帮助他实现了玉米变黄金的梦想。

其次，培养好奇欲，也就是将蒙昧时期的好奇心向求知时期的好奇心转化，这是培养创新意识的重要环节。这要求我们对自己接触到的现象保持旺盛的好奇心，敢于问为什么，不要认为一切都是理所当然的，不要害怕问题简单，不要害怕被人耻笑。

好奇心是点燃创新的火把，只有好奇，多问为什么，一切才会有所开始。牛顿因为好奇发现了万有引力，瓦特因为好奇发明了蒸汽机，阿基米德因为好奇而发现了杠杆原理，莱特兄弟因为好奇发明了飞机，弗莱明因为好奇发现了青霉素。生活中多点好奇心吧！

我认为每个人在小时候都会有很多的好奇心，可是这种好奇心却会随着年龄的增长而减少，如果不利用好孩童时候的好奇心的话，成年之后就不一定会具有创造力。

——罗伯特·劳夫林

 创新故事

我国伟大的地质学家李四光小时候常常一个人靠着家乡的一些来历不明的石头出奇地遐想、好奇地自问，为什么这里会出现这些孤零零的巨石？它们是借助什么力量到这

儿来的。后来李四光走遍了全国的山川河流，做了大量的考察与研究，终于断定这些怪石是冰川的浮砾，是第四纪冰川的遗迹，纠正了国外学者断定中国没有第四纪冰川的错误理论。

第三，培养创造欲。创造欲就是不满足于现状、现成的事物的思想和观点等。创造欲要求我们要经常思考如何在原有事物的基础上推陈出新，要经常有"能否换个角度看问题？有没有更简捷有效的方法和途径？"等问题盘旋。

创造和发现即是见他人之所见，想他人之不想。

——阿伯特·森特·乔尔吉

 创新故事

几名装修工人要为一栋新楼安装电线。在一处地方，他们要把电线穿过一根长10米、但直径只有3厘米的管道，而且管道是砌在砖石里的，还绕了四个弯。他们一开始感到束手无策，显然用常规方法很难完成任务。

后来，一位爱动脑筋的装修工想出了一个非常新颖的主意：他到市场上买来两只白老鼠，一公一母。然后，他把一根线绑在公鼠身上，并把它放在管子的一端，他的同伴则把那只母鼠放到管子的另一端，并轻轻地捏它，让它发出吱吱的叫声。公鼠听到母鼠的叫声，便沿着管子跑去找它。公鼠沿着管子跑，身后的那根线也被拖着跑。就这样，安装电线的难题顺利得到了解决。

第四，培养质疑欲。"学起于思，思源于疑"，有疑问才能促使人去思考，去探索，去创新。因此，我们应该大胆质疑、提出问题。提出问题是取得知识的先导，只有提出问题，才能解决问题，才能继续前进。

很多时候，由于经验的积累，人们对某些事往往自以为能够"见微知著"，这就会带来一种弊病——单凭表面来判断一切，不做更深层次的思考，这是制约创新的主要原因。这也是为什么年轻人比年纪大的人更容易创新成功的原因。在日常学习中，我们一定要以锐不可当的开拓精神，树立和提高自己的自信心，既要尊重名人和权威，虚心学习他们的丰富知识经验，又要敢于超过他们，在他们已进行的创造性劳动的基础上，再进行新的创造。

不盲目自大，遇到问题多问为什么，在实践中检测真理，这是创新者必备的素质。不过于迷信课本，敢于挑战权威，相信一切皆有可能，未来的你也就会成功。

 讨论与分享

1. 在尼罗河的源头被发现后，它被公认为是世界上最长的河。那在此之前，世界上哪条河最长？

2．中亚地区有一种古老的却极具创造性的穿透一堵墙壁的方法，你知道是什么方法吗？

 创新训练

1．怎样用红墨水写出蓝字来？

2．有一根棍子，要使它变短，但不得锯断、折断或削短。该怎么办？

第二讲　打破常规，形成创新思维

一、认识创新思维

创新思维是指以新颖独创的方法解决问题的思维过程。通过这种思维能突破常规思维的界限，以超常规甚至反常规的方法、视角去思考问题，提出与众不同的解决方案，从而产生新颖的、独到的、有社会意义的思维成果。

人类有多种多样的思维方式，在一般思维方式的基础上进行灵活应用就产生了创新思维。创新思维的本质在于将创新意识的感性愿望提升到理性的探索上，实现创新活动由感性认识到理性思考的飞跃。

 创新故事

世界著名香水品牌雅诗兰黛刚进入法国市场时，法国人连正眼都不瞧，只有一些爱占便宜的小市民假装试用，任意地将香水洒在身上，却分文不花。因此，公司的员工不停地向公司总裁雅诗•兰黛抱怨顾客的行为。每次，雅诗•兰黛都只是轻松地笑笑，说："你们尽管让他们用香水，不必在乎他们占的那点便宜。让他们带走我们的香，把我们的香带给更多的人，带给真正的买家，这不是一件很好的事情吗？"果不出其所料，不久，雅诗兰黛香水便打开了法国市场。

正是雅诗•兰黛对市民占小便宜的行为进行了理性思考，才借势把香水推销了出去。

 讨论与分享

传统咖喱粉是"辣"的，而日本某食品公司反其道而行之，推出了"不辣"咖喱粉。当时被食品业嘲笑为"白痴咖喱粉"。但出人意料的是，"白痴咖喱粉"推出不到一年，竟成为日本最畅销的调料品之一，至今仍然称霸不衰。此案例对你有什么启示？

二、揭开创新思维的真面目

创新思维并不神秘，让我们揭开创新思维的真面目，认识创新思维的特点吧！

（一）新颖性

人们在进行探索和研究问题的活动中，打破惯常解决问题的方法、形成新思想的思维特点，称为创新思维的新颖性。它要求我们关注客观事物的差异性和特殊性，解放思想，打破传统，向陈规戒律挑战。例如，哥伦布时代的人们知道地球是圆的，又知道向东航行能够到达东方。于是哥伦布进行创新性的思考并预见到，向西航行也能到达东方。这就是创新思维新颖性的具体表现。

（二）敏锐性

在司空见惯的事物中发现别人尚未认识或者没完全认识的新东西的思维特点，称为创新思维的敏锐性。它要求我们要有一双善于发现、善于捕捉的眼睛和一颗求知、求解的心。

创新故事

有一次，著名法国学者巴斯德到田间散步。他发现有一块土壤的颜色与其他的土壤有些不同。走近一看，原来是蚯蚓从地下带来的大量土粒使这块土壤变了色。于是巴斯德猜想，死于炭疽病的羊深埋地下，会使其周围的泥土含有炭疽病芽孢，会不会是蚯蚓把这种泥土带到土壤表层而使得炭疽病继续传播的呢？这个想法在不久后得到证实。巴斯德思维的敏锐性使他发现了不为人知的炭疽病传播途径。

（三）发散性

依据一定的知识和事实求得某一问题的多种可能答案的思维特性，称为创新思维的发散性。这是一种不依赖常规而寻求变异，并沿着不同的方向、向着不同的范围自由发散的思维，是从已知信息中衍生出大量变化的、独特而新颖的新信息的思维。它主张打开思维的大网，冲破一切禁锢，自由地想象。

创新故事

老师问同学："树上有 10 只鸟，开枪打死 1 只，还剩几只？"

这是一个传统的脑筋急转弯题目，一般的人会老老实实地回答"还剩 9 只"，脑筋转过弯的人会回答"1 只不剩，因为其他 9 只都被吓跑啦"。但是有个孩子很不一样。

他反问："是无声手枪吗？"

"不是。"

"枪声有多大？"

"80 分贝至 100 分贝。"

"那就是会震得耳朵疼？"

"是。"

"在这个城市里打鸟犯不犯法？"

"不犯。"

"您确定那只鸟真的被打死啦？"

"确定。"老师已经不耐烦了，"拜托，你告诉我还剩几只就行了，OK？"

"OK，树上的鸟里有没有耳聋的？"

"没有。"

"有没有关在笼子里的？"

"没有。"

"旁边还有没有其他的树，树上还有没有其他的鸟？"

"没有。"

"有没有残疾的鸟或饿得飞不动的鸟？"

"没有。"

"算不算怀孕肚子里的小鸟？"

"不算。"

"打鸟的人眼睛有没有花？保证是 10 只？"

"没有花，就 10 只。"

老师已经满头大汗，但那个孩子还在继续问："有没有傻得不怕死的鸟？"

"都怕死。"

"会不会一枪打死两只？"

"不会。"

"所有的鸟都可以自由活动吗？有没有鸟巢？里边有没有不会飞的小鸟？"

"没有鸟巢。所有的鸟都可以自由活动。"

"如果您的回答没有骗人，"孩子满怀信心地说，"打死的鸟要是挂在树上没掉下来，那么就剩 1 只；如果掉下来，就 1 只不剩。"

💭 讨论与分享

1. 你能想出一个银行更加吸引新客户的创意吗？

2. 你能针对教室桌椅被随意涂鸦的问题，想出一个解决方案吗？

3. 你能针对车辆在笔直的道路上开得过快的问题，想出一个解决方案吗？

（四）联想性

联想性是指人们在头脑中由一种事物想到另一种事物，从而将表面看起来互不相干的事物联系起来，从而达到创新的效果。可以利用已有的经验进行联想性创新，如由此及彼、举一反三、触类旁通等，也可以在别人发明创造的基础上进行联想性创新。

 创新故事

深山藏古寺

宋徽宗赵佶喜爱书画，并创建了世界上最早的皇家画院。他建立考试制度，亲自出题批卷，培养绘画人才，开创了一代画风。当时画院的考试标准是：笔意俱全。

有一次考试，他出的题目是"深山藏古寺"。"深山"好画，"古寺"也好画，可这个"藏"怎么画呢？于是，有的人在山腰间画座古庙，有的人把古庙画在丛林深处。庙，有的画得完整，有的只画出庙的一角或庙的一段残墙断壁……

宋徽宗看了很多幅，都不满意。就在他感到失望的时候，一幅画深深地吸引了他：在崇山峻岭之中，一股清泉飞流直下，跳珠溅玉，泉边有个老态龙钟的和尚，一瓢一瓢地舀了泉水倒进桶里。一个舀水的老和尚，就把"深山藏古寺"这个题目表现得含蓄深邃极了。和尚舀水，当然是用来烧茶煮饭，洗衣浆衫，这就叫人联想到附近一定有庙；和尚年迈，还得自己来挑水，可见那庙是座破败的古庙了；庙一定是在深山中，画面上看不见，这就把"藏"字表现出来了。这幅画比起那些画庙的一角或庙的一段墙垣的，更切合"深山藏古寺"的题意。

正因为该画的作者运用了意味无穷的联想，才使宋徽宗为其巧妙的构思所折服。

（五）综合性

创新思维的综合性是指把对事物的各个侧面、部分和属性的认识统一为一个整体，从而把握事物的本质和规律的一种思维方法。这种统一不是随意、主观的拼凑，也不是机械地简单叠加，而是按照事物内在的、本质的、必然的联系将其系统地在思维中呈现出来。

创新故事

1969 年 7 月 16 日，美国实现了"阿波罗"登月计划，完成了人类第一次登月任务。这项工程极为浩大，参加这项工程的科学家和工程师达 42 万余人，参加单位 2 万余个，历时 11 年，耗资 300 多亿美元，共用 700 多万个零件。很多人认为这个伟大的工程一定有很多新发明，但"阿波罗"登月计划的总指挥韦伯指出："阿波罗计划中没有一项新发明的技术，关键在于综合。"

可见，阿波罗计划是充分运用综合性思维方法进行的最佳创新。

三、扫除创新思维的障碍

一个成功者和一个失败者之间的差别，并不在于知识和经验，而在于思维方式！

——美国哈佛大学校长尼尔·陆登庭

我们要进行创新，首先必须扫除创新思维的障碍。创新思维的障碍主要有两大方面——偏见思维和惯性思维。

（一）偏见思维

偏见思维是指思维受主观条件的影响而带有个人主观色彩的经验、地位、感情、文化的印记。事实上，任何观察都会受到观察者主观条件的影响。客观的"真实性"被心灵"加工"了，事实经过观察而烫上了主观的烙印，使你所看到的、所感知到的，偏离了事实。

偏见思维

偏见的表现形式多种多样，较为常见的有以下几种。

1. 经验偏见

柏拉图说过："经验使人失去的东西往往超过给人带来的东西。"过去的经验既是我们的财富，其实某种程度上又是我们的包袱。过去积累的经验有时会导致我们形成思维上的偏见。尤其是在当今社会，科技发展日新月异，很多以前不可能的事情成为可能。因此，我们不能完全按照过去的经验来评定现在和判断未来。

德波诺在《实用思维》一书中饶有兴味地描述了这样一种常见的社会现象："在偏僻的乡村，村里最漂亮的姑娘会被村民当作世界上最美的人，在看到更漂亮的姑娘之前，村里的人难以想象出还有比她更美的人。"在村里，它是真理；在全世界，它就是偏见。这就是人们说的"乡村维纳斯效应"。

创新故事

卖草帽

　　一个卖草帽的老人，有一天躺在大树下打盹，醒来一看，身边的草帽不见了，抬头一看，树上的猴子都顶着一只草帽。他想，猴子喜欢模仿人的动作，就把自己头上的草帽摘下来往地上一扔，猴子见了也把头上的草帽摘下来往地上一扔，老人捡起草帽高高兴兴回家了，并把这件事告诉了儿子和孙子。很多年后，孙子继承了家业。有一天也跟爷爷一样在大树下睡着了，草帽同样被猴子拿走了。他突然想起爷爷讲的故事，就把头上的草帽摘下来往地上一扔，结果树上的猴子不但没跟着做，反而冲他嘲笑似的吱吱大叫。他正纳闷时，猴王出来了，说："还跟我们玩这个，你以为就你有爷爷吗？"

2. 利益偏见

利益偏见是指对公正产生的一种无意识的微妙偏离，而不是指由明显的利害关系导致的与公正产生的明显偏差。

利益偏见更普遍的情况则是所谓的"鸡眼思维"，也就是马克思所说的："愚蠢庸俗、斤斤计较、贪图私利的人总是看到自以为吃亏的事情。"

在现实生活中，大多数的恋人都认为自己找到了世界上最好的人，大多数孩子也都会说自己的父母是世界上最好的父母。所谓"王婆卖瓜，自卖自夸"其实就是一种典型的利益偏见思维。

3. 位置偏见

位置偏见是指因所处的位置造成观察事物时，所得出的结果与真实情况之间的无意识的微妙的偏离。苏轼的《题西林壁》描写了庐山的风景因观察位置的不同而不同，如果以一个位置看到的景象对庐山的风景做出判断，就会形成位置偏见。盲人摸象、井底之蛙也是这个道理。

每个人都生活在一定的社会坐标体系中，其思想带有所处位置的鲜明特征，正如："少年听雨歌楼上，红烛昏罗帐。壮年听雨客舟中，江阔云低，断雁叫西风。而今听雨僧庐下，鬓已星星也。悲欢离合总无情，一任阶前，点滴到天明。"处在什么样的年龄和位置，就会有什么样的感情和认知。

 树德创新

换位思考

一位母亲带着 5 岁的女儿逛街。节日的大街上灯火绚烂、人来人往、热闹非凡。女儿却一直哭闹不停。母亲对女儿的哭闹声感到十分心烦。走着走着，女儿的鞋带开了。母亲蹲下去为她系好鞋带，一抬头，却看到了一种从未见到过的可怕景象：没有彩灯、没有琳琅满目的商品，眼前晃动着的只有来来往往的鞋子和双腿……

母亲震惊了，立马抱起女儿。女儿笑了，母亲却流泪了。这是她第一次从女儿的角度看世界。原来，如此不同。

【点拨】人们往往擅长从自己的角度思考问题。而立场不同、处境不同的人，是很难理解对方的感受的。因此，我们应学会换位思考，以一颗宽容的心去了解，关心他人。

4．文化偏见

美国实用主义大师杜威说过："一个人相信什么，在很大程度上是他自己文化的反映。"

著名华裔人类学家许烺（lǎng）光在《美国人与中国人》一书中举了一个例子："在一部中国电影中，一对青年夫妇发生了争吵，妻子提着衣箱怒冲冲地跑出公寓。这时，镜头中出现了住在楼下的婆婆，她出来安慰儿子说：'你不会孤独的，孩子，有我在这儿呢。'看到这儿，美国观众爆发出一阵哄笑，中国观众却很少会因此发笑。"两种截然不同的反应透露出明显的文化差异：在美国人的观念中，婚姻是两个人的私事，其间的两性关系是任何别的感情都无法替代的；而中国观众却能恰当地理解母亲所说的含义。

所有人都受到自己所在地域、国家、民族长期积淀的文化的影响，看待问题的角度不可避免地被打上文化、宗教、习俗的烙印。

对于普通人来说，某种偏见一旦形成，更容易演变成一种非理性的思维模式——以偏概全。毫无疑问，我们确实是生活的目击者，但我们还必须对目击后的判断保持一份警惕，很可能在我们认定为"事实"的判断中包含了我们并不知觉的"偏见"，正如我们耳熟能详的这些判断：无商不奸、无官不贪、运动员只有四肢发达……

（二）惯性思维

惯性思维就是思维沿着前一思考路径以线性方式继续延伸，并暂时地封闭了其他的思考方向。贝弗里奇在其《科学研究的艺术》一书中这样解释了惯性思维："我们的思想多次采取特定的一种思路，下一次采取同样的思路的可能性就越大。在一连串的思想中，一个个观念之间形成了联系，这种联系每利用一次，就变得越加牢固，直到最后，这种联

惯性思维

系紧紧地建立起来，以致它们的连接很难被破坏。这样，正像形成条件反射一样，思考受到了条件的限制。"

惯性思维的主要表现形式有以下几种。

1. 线性思维

线性思维是一种直线的、单一的思维方式，前一路径的思考会对后续的思考形成强烈导向，使后续思考难以超出线性轨道。这种思维方式在解决简单问题的时候很有效，但是在解决复杂问题的过程中经常会掩盖真相，或只得到片面的认知。

线性思维模式有两个基本特点。一是把多元问题变为一元问题。客观对象所包含的问题往往是多元的，线性思维模式要求把其中一个问题突出，其余问题撇开；或者把复杂问题归结为一个简单问题，然后予以处理。二是用一维直线思维来处理一元问题，使之成为具有非此即彼答案的问题，并排除两个可能答案中的一个。

 创新迷途

"引火烧身"

　　一个漆黑的夜晚，司机老王开着一辆"除了喇叭不响什么都响的"的车外出。车行半路抛了锚，他初步判断是燃油耗尽了，便下车检查油箱。因为没有手电筒，老王顺手掏出打火机照明，随着"轰"的一声巨响，老王什么也不知道了……等他醒来时，发现自己躺在医院的病床上。原来是一位路过的好心司机救了他，车报废了，脸毁了容，万幸的是命总算捡了回来。老王说："当时只是想借打火机的光，看清油箱里究竟还剩多少油，根本没想到打火机的火会引爆油箱并'引火烧身'。"这就是线性思维造成的恶果。

2. 从众思维（群体惯性）

惯性不但会在个体身上表现出来，更会在群体中形成和延续。

有科学家曾做过这样一个实验：将四只猴子关在一个密闭的房间里，每天喂很少的食物，让猴子饿得吱吱叫。数天后，实验者从房间上面的小洞放下一串香蕉，一只饿得头昏眼花的大猴子看到香蕉后一个箭步冲上前，可是还没等他拿到香蕉，就被预设机关所泼出的热水烫得全身是伤，当后面三只猴子依次爬上去拿香蕉时，同样被热水烫伤了。于是猴子们只好望"蕉"兴叹。

扫一扫

从众心理

又过了几天，实验者换一只新猴子进入房间，当新猴子也想尝试爬上去吃香蕉时，立刻被其他三只老猴子制止了，并告知有危险，千万不可尝试。实验者再换一只猴子进入，

当这只猴子想吃香蕉时,有趣的事情发生了,这次不但剩下的两只老猴子制止它,连没被烫过的猴子也极力阻止它。

实验继续,当所有的猴子都已换过之后,仍没有一只猴子敢去碰香蕉。上面的热水机关虽然取消了,而热水浇注的"组织惯性"束缚着进入房间的每一只猴子,使它们对唾手可得的盘中美餐——香蕉望而却步,谁也不敢前去享用。

这就是群体惯性形成的过程。在实际生活中,大多数人都有可能因为群体惯性而盲目做事情,从而束缚了自己的创新思维。

3. 惰性思维

惰性思维是指人类思维深处存在的一种保守的力量。人们总是习惯用老眼光来看新问题,用曾经被反复证明有效的旧概念去解释变化世界的新现象。不去尝试,不敢冒险,因循守旧。大好的时机和自身无限的潜能因惰性思维而被白白地葬送,挫折和失败的悲剧不可避免。

 创新迷途

大象的悲剧

一家马戏团突然失火,人们四处逃窜,所幸没有人员伤亡。但令马戏团老板伤心和不解的是:那只技艺绝佳的大象被活活地烧死了。

"这怎么可能呢?拴住大象的仅仅是一条细绳和一根小木棍啊!"老板怎么也想不通。

通常,没有表演节目时,马戏团人员会用一条绳子绑住大象的右后腿,然后把绳子绑在一根插在地上的小木棍上,以避免大象逃跑。以大象的力量,可用长鼻子卷起大树,拖拉巨大的木材,甚至可以一脚踏死动物。为什么它却乖乖地站在那里呢?

原来,当初这头大象还是小象的时候就被捉来了,马戏团害怕它会逃跑,便用铁链锁住了它的脚,然后绑在一棵大树上。每当小象企图离开时,它的脚就被铁链磨得疼痛、流血,经过无数次的尝试后,小象并没有成功逃脱。于是,它的脑海中慢慢形成了一旦有条绳子绑在它的脚上,它就永远无法逃脱的印象。因此,当它长大后,虽然绑在它脚上的只是一条小绳子和一根小木棍,但它懒得再去思考拴住它的是什么东西了,最终因为惰性思维失去了逃走的能力。

(三)突破思维的框架

偏见思维和惯性思维犹如无形的枷锁,阻碍了我们的创新思维,制约着我们创新能力的发展。因此,要想做到创新,首先必须突破偏见思维和惯性思维的框架,砸碎束缚着创新思维的枷锁。

1. 颠覆常识

常识一般是指日常知识，即众所周知的、约定俗成的无需证明的知识，或是本能的学习和判断能力等。常识隐藏在人们的思维和习惯里，就像是计算机中安装的固有程序一样。常识尽管非常重要，可是，如果我们想获得创意，那么常识就反而成了一种枷锁。心理学家的研究结果表明，我们所使用的能力，只有我们所具备的能力的 2%～5%。在一般情况下，按常识常规办事并不错，但当常识已经不适应变化了的新情况时，就应解放思想，颠覆常识，大胆创新，这样我们才会取得出人意料的胜利。请不要把自己的想法固定化、模式化，有时你需要灵活应变。

那么如何颠覆常识呢？

（1）不急于认同，不盲从常识，先经过思考再选择是否认同。

（2）辩证思考，即从正反两面思考某一事物，不片面定性。

（3）左右脑并用，即将左右脑结合起来使用，不只使用单一的感性或理性思维。

（4）回到原点，即回到事物本身进行思考，擦除经验的干扰。

（5）克服从众心理，即要有自己的独立思考意识，不盲信他人。

创新故事

盲人打灯笼

一个盲人到亲戚家做客，天黑后他要回家了。于是，亲戚好心地为他点了个灯笼，说："天晚了，路黑，你打个灯笼回家吧！"盲人立即火冒三丈地说："你明明知道我看不见，还给我打个灯笼照路，不是嘲笑我吗？"他的亲戚赶忙解释说："你在路上走，许多人也在路上走，你打着灯笼，别人可以看到你，就不会撞到你了。"

你知道吗

13个颠覆"我以为"常识的冷知识。

（1）聋哑人的手语并不是世界语言，而是有着各地的方言。

（2）单凭人类的声音真的可以震碎玻璃，所以狮吼功是可能的。

（3）晚上吃多了，早晨（甚至半夜）容易饿。

（4）"冒"上面是没有钩的"冃"（下面和中间都是一横不顶到两边），不是"曰"或"日"。

（5）老公是古时对太监的称呼。

（6）"奉天承运皇帝，诏曰"是六二断，而不是四四断。

（7）排球是可以用脚踢的。

（8）计算机上键盘字母排列成 qwert……的顺序并不是为了提高人的打字速度，而是为了降低打字速度。因为早期的打字机如果输入过快，打字机的相邻键杆就会撞在一起而发生卡壳。

（9）在比较暗的情况下眼睛无法识别颜色（因为识别颜色的神经需要更多的光子才能激活）。

（10）水在零度以下时不再是热胀冷缩，而是热缩冷胀。

（11）印度人是点头 no 摇头 yes。

（12）酒泉卫星发射中心位于内蒙古阿拉善盟额济纳旗境内布格音阿日拉镇，而不是在甘肃酒泉。

（13）龙猫是老鼠。

创新训练

1．猜个数字

在 2 和 3 之间加个什么符号，可以得到一个大于 2 且小于 3 的数？

2．到达的时间

沿跑道插着 13 面旗子，旗与旗之间的距离是相等的。第 1 面旗子在起点，第 13 面旗子在终点。运动员起跑后，过 8 分钟到达第 8 面旗子，运动员的速度是匀速的，再过多少秒会到达终点？

3．还剩几根蜡烛

有 10 根蜡烛正在燃烧，这时吹来一阵风，把 2 根蜡烛吹灭了，不久再去看时，又有一根蜡烛熄灭掉了。将窗子关紧不让风吹进来，剩下的蜡烛都没有熄灭。请问最后将剩下几根蜡烛？

4．自杀的人

有一个想自杀的人，深夜带着遗书走在公路上。他看见对面亮着两个前灯的车子正朝他开过来，于是，他紧闭双眼等车撞过去。当车子呼啸而过时，他心想车子一定是碾过自己的身体了。但是，一睁开眼，他竟然安然无恙地站在公路上。你认为有这个可能吗？

5．谁有可能是犯人

在一桩杀人案件中，X 先生因有涉案嫌疑被逮捕。他所使用的枪为个人所有，并且枪上只有他一个人的指纹。而 X 先生本人也无法给出犯罪时的不在场证明，更何况他有充分的杀人动机。然而，负责这个案件的 Y 侦探坚信 X 先生绝对不是犯人。为什么？

6．什么问句

请你想一想，什么样的问句一定不能回答"是"？

2. 消除偏见

偏见是一种本体性的存在。我们无法彻底超越偏见，但我们不会放弃消除偏见、寻求公正的努力。对于创新而言，从思维方法上寻求对偏见的有限超越是有益的。牛顿、爱因斯坦都是在 26 岁时做出了人类历史上最重大的贡献。事实上，历史上许多重大的发明都是年轻人所为。年轻人更容易创造出重大原创性成果，一个重要的因素是：年轻人没有传统经验的干扰，存在较少的偏见，因而更倾向于革命和颠覆。

在科学上有一个不可否认的事实：一些半路出家的冒险者闯入一个多年徘徊不前的新领域，往往能给这个领域带来新的突破。美国著名创新学专家奥斯本佐证说："历史证明，许多伟大的思想都是由那些对有关问题没有进行过专门研究的人创造出来的。电报是由莫尔斯发明的，他仅是一名肖像画家。蒸汽船是艺术家富尔顿发明的。E·惠特尼是一位小学教师，但却发明了轧棉机。"

尽管我们不能用简单的事实罗列来证明科学的发明机制这样严肃的问题，但我们可以认为发明创造的能力并不与经验的多寡完全成正比。有时，某一特定经验越多，越容易形成偏见和定势，从而阻断思维突变的可能。因为，人们在获得经验和知识的同时也获得了枷锁，在学会思维的同时，也学会了屈从于常规和惯例。

那么如何消除偏见呢？

（1）多角度思考。看待事物不能只看事物的一面，要全面思考。

（2）换位思考。站在不同的立场思考事物，抛弃自我中心主义。

（3）反向思考。从事物的反面思考，推陈出新。

（4）归零思考。清除对事物的原本认识，重新定位事物。

3. 挑战权威

伽利略在比萨斜塔上用两个铁球同时着地的实验得出结论：物体做自由落体时，不因重量而呈现不同的速度。

而一度代表权威的亚里士多德认为：不同重量的物体，从高处下降的速度与重量成正比，重的一定较轻的先落地。这个结论到伽利略时代差不多近 2 000 年了，还未有人公开怀疑过。物体下落的速度和物体的重量是否有关系，伽利略经过再三的观察、研究、实验后发现，如果将两个不同重量的物体同时从同一高度放下，两者将会同时落地。于是伽利略大胆地向亚里士多德的观点进行了挑战。

挑战权威

一般人们不敢挑战权威的原因主要是：权威力量强大；盲目信奉权威；害怕挑战失败。那么我们该如何挑战权威呢？

首先要敢于质疑，古人云："小疑则小进，大疑则大进。"质疑是发现问题、挑战权威的第一步。其次，我们要相信创新的力量，相信创新终究能够战胜已经落后的权威，进而

能够改变人们对权威的迷信。同时，不要被拥有权威的代表人物吓倒，要相信小人物也能创新，相信小人物也有能力改变一切。最后，一定要坚信实践出真知，必须在事实的基础上，付出努力和汗水，在实践中检验创新的力量。

小泽征尔的判断

日本的小泽征尔是世界上著名的音乐指挥家。

在他成名以前，一次，他去欧洲参加指挥家大赛。在决赛时，他被安排在最后一个出场。台下坐满了来自世界各地的音乐大师。评委会交给他一张乐谱。小泽征尔全神贯注地挥动着指挥棒，以世界一流指挥家的风度，指挥着世界一流的乐队演奏具有国际水平的乐曲。

演奏中，小泽征尔突然听到乐曲中出现了一处不和谐的地方。他以为是乐队演奏错了，就指挥乐队停下来重奏一次。但是，他仍觉得不自然。在场的作曲家和评委都郑重声明乐谱没有问题。面对几百名国际音乐大师，小泽征尔考虑再三，坚信自己的判断是正确的。"不！一定是乐谱错了！"他的喊声刚落，评判台上的评委们立即站起来报以热烈的掌声，祝贺他大赛夺魁。

原来，这是评委们精心设计的，目的是试探指挥家是否能够坚信自己的正确判断。他们认为只有具备这种素质的人，才是真正的世界一流的音乐指挥家。前面的参赛者虽然也发现了问题，但是在国际音乐大师面前，都放弃了自己的意见。只有小泽征尔不迷信权威，相信自己，果敢地做出正确的判断，因而获得了这次大赛的桂冠。

4. 解开枷锁

现实生活中，人们总会因为这样或那样的原因，给自己的大脑套上一层无形的思维枷锁，比如"要最完美的"——追求完美，总想着要思考出最完美的方法；"不能想太多"——当自己往别处想时，告诫自己不能想太多，从而停止继续思考；"大家都这样想"——把大家的标准当作自己的标准，随波逐流；"要符合规矩"——凡事都想着要符合规矩，不敢越雷池一步；"不能让别人笑话"——怕被别人笑话，不敢多想多做；"我不擅长"——以自己不擅长、不具备天赋为由拒绝思考。

创新就要解开思维的枷锁。人只有解放思想，才能发挥未曾发掘的潜能。如果一个人的思想受到束缚，那么，他的潜能也会受到限制！

邻居家的小男孩是我家的常客，差不多每天都要跑来向我报告幼儿园的新闻，或者

展示一下他学会的新本领。一天，他来到我家，从桌子上拿起一把小刀，又向我要了一只苹果，说："大哥哥，我要让你看看里面藏着什么。"

"我知道里面是什么。"我瞧着他说。

"不，你不知道的，还是让我切给你看吧。"说着他把苹果一切两半。我们通常的切法是从顶部切到底部，而他呢，却是拦腰切下去。然后，他把切好的苹果举到我面前："大哥哥，快看，里头有颗五角星呢！"

真的，从横切面可以清晰地看出，苹果核果然像一颗五角星。我见过许多人切苹果，他们对切苹果都不生疏，总是循规蹈矩地按通常的切法，把它们一切两半，却从未见过还有另一种切法，更没想到苹果里还隐藏着"五角星"！

第一次这样切苹果的，也许是出于无意，也许是出于好奇。使我深有感触的是，换一种方式，就能收获鲜为人知的迷人风景。如果你想知道什么叫创新，往小处说，就是换一种切苹果的方法。

创新训练

以下是一组摆脱思维定势的训练题。它的真正意义在于促使我们探索事物存在、运动、发展、联系的各种可能性，从而摆脱思维的单一性、僵硬性和习惯性，以免陷入某种固定不变的思维框架。快来试试吧！

1. 广场上有一匹马，马头朝东站着，后来又向左转了270度，请问，这时它的尾巴指向哪个方向？

2. 你能否把10枚硬币放在同样的三个玻璃杯中，并使每个杯子里的硬币都为奇数？

3. 天花板下悬挂两根相距5米的长绳，在旁边的桌子上有些小纸条和一把剪刀，你能站在两绳之间不动，伸开双臂用双手各拉住一根绳子吗？

4. 玻璃瓶里装着橘子水，瓶口塞着软木塞，既不准打碎玻璃瓶，弄碎软木塞，又不准拔出软木塞，怎样才能喝到瓶里的橘子水？

5. 钉子上挂着一只系在绳子上的玻璃杯，你能既剪断绳子又不使杯子落地吗？（剪时，手只能碰剪刀）

6．有 10 只玻璃杯排成一行，左边 5 只内装有汽水，右边 5 只是空杯。现规定只能挪动两只杯子，使这排杯子变成实杯与空杯相交替排列，如何移动两只杯子？

7．有一棵树，树下面有一头牛被一根 2 米长的绳子牢牢地拴住鼻子，牛的主人把饲料放在离树恰好 5 米之外就走开了，牛很快就将饲料吃了个精光。牛是怎么吃到饲料的？

8．一只网球，它滚一小段距离后完全停止，然后自动反过来朝相反方向运动，既不允许将网球反弹回来，又不允许用任何东西打击它，更不允许用任何东西把球系住，你会怎么办？

 第三讲　一路前行，提升创新能力

一、认识创新能力

创新能力是指运用知识和理论，打破常规与惯例，不断改进工作方法，提出具有社会价值、经济价值和生态价值的新观点、新思路、新方法、新措施，创造出新产品、新成果的能力。它由创新意识、创新思维、创新技能三大要素构成，是人的能力中最重要、层次最高的一种能力，是突破现状、独辟蹊径并不断超越的能力，是一种不走寻常路的魄力。在优胜劣汰、竞争空前激烈的现代社会，创新能力是制约个人、企业和社会发展诸因素中的核心因素。创新能力决定竞争能力，甚至决定成败。

其实，对"创新能力"这个词我们并不陌生。从马拉木车到中国高铁，从原始人打磨出的石器到鲁班发明的锯子，从中国的火药到西方的大炮，这些都是创新能力起作用的结果。

 创新故事

乌鸦喝水

有一只乌鸦长得不好看，但特别聪明。一天，它干完活又累又渴，非常想喝水。于是，它在丛林里到处找水喝，忽然看见一只大水罐，满心欢喜。乌鸦飞到水罐旁，一看罐里的水不多了，罐口又窄，嘴探进去喝不到水，怎么办呢？它使劲地用翅膀推水罐，又用身体撞水罐，想把水罐弄倒来喝水。可是水罐又大又重，它的力量太小了，根本弄不倒这水罐。忽然，它想出了一个好主意：叼些石子放到水罐里，石子多了，水罐里的水不就升高了吗？于是它不厌其烦地用嘴一块一块地叼起石子，将石子投进了水罐中。水位上升了，乌鸦痛痛快快地喝了个够。

这是一篇我们小时候学过的寓言故事。乌鸦以它的智慧为自己的生存赢得了机会。读完这则寓言故事，相信很多人都会赞叹这是一只充满智慧的乌鸦。如果给这种智慧下一个准确的定义，那就是创新能力。

二、创新能力的形成

（一）遗传素质

遗传素质是形成人类创新能力的生理基础和物质前提。它决定着个体创新能力未来发展的类型、速度和水平。历史上有很多天赋异禀的人会在某些方面卓有成就，例如，项橐（tuó），孔子曾向七岁的他问学，被后世称为圣公；甘罗，十二岁被秦王拜为上卿；骆宾王，唐代著名诗人，七岁被誉为神童；司马光七岁时就凛然如成人，闻讲《左氏春秋》即能了其大旨。在现实生活中确实存在天资异于凡人、聪颖伶俐之人，但是这也只是创新能力的前提条件。即使条件再好，如果后天不努力，那么一样会成为碌碌无为、缺乏创新能力的人，历史上的"神童"方仲永就是这样的例子。

所以，遗传素质虽然重要，但并非创新能力的决定因素。创新能力是可以培养的，每个人都具备创新的潜力，只要通过科学合理的训练，每个人都可以提高自身的创新能力。

（二）环境

环境是形成和提高创新能力的重要条件。环境的优劣影响着个体创新能力发展的速度和水平。

（三）实践

实践是形成创新能力的唯一途径。实践也是检验创新能力水平和创新成果的尺度标准。

 树德创新

做实干家

"纸上得来终觉浅，绝知此事要躬行"，陆游用这句话告诉儿子子聿：从书本上获得的知识固然重要，但还是不够的；要想做出一番成绩，一定要注重亲身实践。

直至今天，这句话在我们的学习之路上依然熠熠生辉。持之以恒地学知识，固然很重要，但仅此还不够，因为那只是书本知识。书本知识是前人实践经验的总结，是否符合此时此地的情况，还有待实践去检验。只有经过亲身实践，才能把书本上的知识变成自己的实际本领。

因此，学到的东西，不能只停留在书本上和脑袋里，而应该落实到行动上，做到知行合一、以知促行、以行求知，正所谓"知者行之始，行者知之成"。每一项事业，不论

大小，都是靠脚踏实地、一点一滴干出来的。做人做事，最怕的就是只说不做，眼高手低。不论学习还是工作，都要面向实际、深入实践，在实践中求得真知。一个既有书本知识，又有实践经验的人，才是真正有学问的人。

【点拨】学知识并不是目的，因为知识最终要落地生根，转化成能力。而实践是知识转化成能力的必由之路。所以我们一定要努力实践，在实践中验证真理、优化创新，努力成为有理想、有学问、有才干的实干家。

（四）创新思维

创新思维是形成创新能力的核心与关键。没有创新思维，形成创新能力就是无稽之谈。

三、创新能力：成败的分水岭

美国"石油大王"洛克菲勒曾说："如果你要成功，你应该朝新的道路前进，不要走被踩烂了的成功之路。"的确，任何企业或者员工想要在激烈的竞争中站稳脚跟，都必须紧跟时代，培养创新能力。只有大胆突破惯性思维，不走常规路，才能增强竞争力，获得成功。

创新故事

国王为挑选继承人，给两个儿子出了道难题："给你们两匹马，白马给老大，黄马给老二。你们骑马到清泉边去饮水，谁的马走得慢，谁就是赢家。"

老大想用"拖"的办法取胜。而老二沉思片刻后，冲到老大跟前，抢过老大的白马飞驰而去。结果，老二赢了。老二的胜利源于他不拘于常规，敢于创新。而老大习惯用常规方法考虑问题，把注意力都放在了马身上，思考如何使它走得更慢，没有跳出传统的思维框架，最后只能眼睁睁地看着皇权旁落。

所谓常规，通俗地讲就是做人做事通常的想法、做法。但是过于中规中矩、墨守成规，就会扼杀创新能力，要释放和激活创新能力就要突破常规，在"变"字上下功夫。大禹治水的故事家喻户晓。它能治水成功是因为他吸取了父亲以堵治水的教训，改用疏导的方式。如果他不思改变，那么迎接他的有可能还是失败。

创新故事

汉罗啤酒的传奇

位于比利时首都布鲁塞尔东郊的一家啤酒厂曾经因为销售不景气而差点儿倒闭。这个啤酒厂从创立之初开始，就从来没有出现过令人兴奋的业绩。所以即使它倒闭了，也丝毫不会引起人们的注意。不过这家啤酒厂并没有走向倒闭，而是在销售总监林德尔的一个绝好创意下一步步摆脱困境，走向了辉煌。这个啤酒厂就是在比利时国内无人不知、无人不晓的"汉罗"啤酒厂。

究竟是什么使"汉罗"啤酒厂从濒临倒闭的困境中走出来，并且在很短的时间内就迅速走向辉煌了呢？说到"汉罗"啤酒的传奇，就必须要说到该啤酒厂的销售总监林德尔先生。

林德尔先生刚刚大学毕业时就进入"汉罗"啤酒厂工作，并且只是一名普通的销售员。因为当地有很多小型啤酒厂，彼此之间的竞争十分激烈，再加上国外知名啤酒品牌的侵入，"汉罗"啤酒厂刚刚度过充满希望的创建时期，就不得不迎来日渐不景气的衰退期。尽管啤酒厂一年一年地减产，可是仍有大批啤酒因销售不出去而堆在仓库里。当时很多有实力的啤酒厂都在电视或者报纸上做广告进行宣传，提高啤酒的品牌知名度，从而促进销售。虽然"汉罗"啤酒厂的厂长也明白其中的道理，可是啤酒厂的资金运转十分困难，根本就没有钱来支付高昂的广告费用。不做广告宣传，啤酒厂的品牌就无法确立，品牌知名度更是无从谈起，企业的销售量就更上不去，由此形成了恶性循环。

当时只是一名普通销售员的林德尔看到企业的这种状况，心中十分焦急。他不希望自己深爱着的工厂面临倒闭，也不希望自己这样默默无闻地做一辈子普通人。于是，他开始绞尽脑汁地思考，怎样才能做一个既省钱又有效的广告。他白天在大街小巷中一次一次地穿梭，深夜在家中思考一个又一个的广告策划。虽然广告策划方案想了一大堆，但是因为各种原因都被林德尔本人一个又一个地否决了。

一天他来到了布鲁塞尔市中心的于连广场，看到广场上的很多人都用喝空的矿泉水瓶去接小英雄于连铜像里"尿"出来的自来水，然后用来往脸上或手上淋，有些小孩子还用来互相泼洒，还有些人甚至直接饮用。广场上人们这些不经意的行为在刹那间激发了林德尔的灵感，他想到了一个既省钱又有影响力的绝妙创意：用啤酒来代替自来水从小英雄于连的铜像中"尿"出来。他的想法很快得到了厂长的支持。结果第二天，广场上的铜像中就"尿"出了色泽金黄的"汉罗"啤酒。广场上的人们争相品尝，很快广场上就涌来了更多的人，电视台和报纸也争相报道此事。

就这样，"汉罗"啤酒厂没花一分钱广告费，只是用一些啤酒就成功地在当地树立起了自己的品牌。而且随着电视、报纸等媒体的报道，"汉罗"啤酒更是声名远播，啤酒当年的销量是上年度的数倍。林德尔用他充满智慧的头脑成了比利时著名的销售专家，并且成为轰动欧洲的销售策划人。

从这个故事看来，很多问题的解决方案其实很简单。有时候，换个角度，问题便能轻松解决。在你试图改变自己想法的同时，你的视角也会开始变化，移向自己从不注意的世界，也许真的会有新的发现。

四、有效提升创新能力的四大关键能力

（一）思考力：用头脑引爆创新潜能

创新并非高不可攀，每个人都可以通过思考发掘创新潜能。思考力是人脑对客观事物间接的、概括的反映能力，是每个人都具有的自然属性和内在潜能，不是只有高学历的研究生、博士生才能做到。唐代高僧惠能和尚说，"下下人有上上智"，关键是要相信自己可以。思考力与其他能力一样，是可以通过教育、训练而培养出来并在实践中不断得到提高和发展的。思考力是人类共有的可开发的财富，是取之不竭用之不尽的"能源"。

 创新故事

> 曾经有一位机敏的学者。一次，他在演讲中不断地有人递纸条上来问问题。有一张纸上却只写了"伪君子"三个字。这位学者看到后大声念了出来，台下一下子变得静悄悄，接着他说："今天提问题的很多人都只问了问题而没有留下名字，这位听众很奇怪，他只留了名字却没有问问题。"台下立刻炸开了，掌声如雷，都为他这种别具一格、机智风趣的回答叫好。

（二）观察力：用双眼洞察创新时机

观察力是指大脑对事物的观察能力。如通过观察发现新奇的事物，在观察过程对事物的形、声、色、温等有一个新的认识。熟视无睹导致很多人失去了创新能力，生活处处需要创新，只是缺少发现创新时机的眼睛。

创新故事

> 柯特大饭店是加州圣地亚哥市的一家老牌大饭店，由于原先设计的电梯过于狭小老旧，已经无法适应越来越多的客流。于是，饭店老板准备扩建一个新式电梯。他请来全国一流的建筑师和工程师，请他们一起探讨该如何扩建这个电梯。
>
> 建筑师和工程师的经验都很丰富，他们讨论了足足半天，最后得出一致结论：饭店必须停业半年，这样才能在每个梯层里打洞，并且在地下室里安装最新式的马达。
>
> "除此之外就没有其他办法了吗？"老板皱着眉头说，"要知道那样会损失难以计数的营业额。"但建筑师和工程师坚持这是最好的方案。
>
> 就在这时，饭店里的一位清洁工刚好拖地拖到这儿，听到他们的谈话，他直起腰说："要是我，就会直接在屋外装上电梯。"所有的人都说不出话来了。
>
> 第二天，饭店就开始在外面安装新电梯。在建筑史上，这也是第一次把电梯安装在室外。

经验固然重要，但不固守经验，成功才会更多地降临在我们头上。可见创新并不像人们通常想的那样太高超，太神秘，太复杂，伟大的创新往往来自最简单、最容易被忽略的观察。正如一位哲人所说："你只要离开人们常走的大路，走进森林，你就肯定会发现前所未有的东西。"

创新故事

20 世纪 60 年代以前，美国种族歧视严重。黑人处于社会底层，大部分穷困潦倒。彼时的美国化妆品市场发展得红红火火，但几乎都是适合白人用的产品，黑人要想使用化妆品就只能从仅有的几个黑人白人通用的品种里进行选择。

一个叫约翰逊的美国人注意到了这一现状，于是他分别到化妆品生产商和黑人中进行调查。生产商说懂得化妆和有能力购买化妆品的黑人太少，开发专供黑人使用的化妆品没有销路，肯定会亏本。被调查的黑人的意见则各不相同：有人说养家糊口就已经够不容易的了，哪还顾得上化妆；还有人说黑人的社会地位本来就低，化了妆更要惹人嘲笑了；也有不少黑人说自己很想使用化妆品，但因为通用的品种效果普遍不好，所以就失去了继续使用的兴趣。

了解到这些情况后，约翰逊决定针对这一细分市场，开发专供黑人使用的化妆品。起初他的生意非常惨淡。但随着人权运动的高涨，黑人的社会地位得到很大提高，使用化妆品的黑人越来越多。约翰逊的黑人化妆品越来越畅销。数年后，他的公司成为世界著名的跨国企业。

（三）想象力：扬起创新能力的风帆

谈到想象力，我们想到最多的是孩子，教育中也再三强调不要抹杀孩子的想象力。插上翅膀飞的汽车、能够感应心灵的机器人等，最初也许就是孩提时代的某个想象而已，有些人通过行动，把想象变成了现实，完成了创新。永远保持孩提时代的好奇心和想象力，不要被常规和经验所左右，向创新能力的目的地扬帆远航。

创新故事

世界著名建筑大师格罗培斯设计的迪斯尼乐园，经过三年的施工，马上就要对外开放了，然而各景点之间的路该怎样联结还没有具体的方案。施工部打电话给正在法国参加庆典的设计师格罗培斯大师，请他赶快定稿，以便按计划竣工和开放。

格罗培斯从事建筑研究 40 多年，留下 70 多处杰作。然而建筑学中微小得不值一提的一点——路径的设计却让他大伤脑筋。对迪斯尼乐园各景点之间的道路安排，他已修改了 50 多次，可没有一次是让他满意的。接到电话后他心里更加焦躁，决定到地中海海

滨去清醒一下，争取早日定下方案。

汽车在法国南部的公路上奔驰，沿途漫山遍野的是当地农民的葡萄园。他看见无数的葡萄园主把葡萄摘下来提到路边吆喝，但很少有人停下来过问。当车子进入一个小山谷时，他发现那儿停着许多车子。原来这儿是一个老太太的葡萄园，只要付 5 法郎就可以摘一篮子葡萄上路。据说这位老太太因年迈无力料理葡萄园而想出这个办法，起初她还担心这种办法是否能卖出葡萄，谁知在这绵延百里的葡萄产区，她的葡萄总是提前卖完。她这种给人自由、任其选择的做法使大师深受启发，久缠在心头的难题终于迎刃而解。格罗培斯出乎意料地高兴，连忙让司机调转车头返回巴黎。

回到住处，他给施工部发了封电报，要求施工部在乐园撒上草种。没多久，小草长出来了，整个乐园被绿草所覆盖，在迪斯尼乐园提前开放的半年里，草地被踩出许多小道，这些小道有宽有窄，优雅自然。

第二年，格罗培斯让人按这些踩出的小道铺设了人行道。1971 年在伦敦国际园林建筑艺术研讨会上，迪斯尼乐园的路径设计被评为世界最佳设计。

超凡脱俗的想象成就了伟大的创意设计，生活多点想象，你会发现生活会变得更美好。

（四）多元思维能力：思维转换中开启创新大门

换一个角度，变一种说法，变堵塞为疏导，就会轻而易举地达到目的。在创新的过程中，也需要学会这种变换视角、从多个角度想问题的方法，这样更有助于我们创新。

创新故事

为什么一个轮胎制造商竟然莫名其妙地成了餐饮业的权威鉴定机构呢？如果你和我一样困惑不解，那就看一下米其林的故事吧。

米其林的逻辑很简单，为了提高轮胎的需求量，首先就要提高汽车的需求量。为了提高汽车的需求量，当然就要鼓励大家远行，告诉大家远处有更吸引人的好吃好玩的地方。为此，米其林编纂了一本《米其林指南》，第一版就免费发行了 35 000 册，指南的内容包括旅行小秘诀、加油站位置、地图和更换轮胎的说明书等。之后，1920 年的某一天，安德烈·米其林在一个轮胎销售商那里发现，几本《米其林指南》竟然被用来垫工作台！不甘心明珠暗投的米其林决定不再免费发放这些小册子，因为"人们只会珍惜他们花钱购买的东西"。

有价出售的《米其林指南》内容就丰富多了，里面开始对各种宾馆和餐馆进行分类。接着，米其林兄弟发现人们对于餐馆的指南特别感兴趣。于是他们又雇用了一批匿名调查者，去光顾各大餐厅，并给出评价。1926 年，米其林的星级标准诞生了，起初只有一颗星。30 年代之后，三个等级的评星制度出台。

一颗星是"值得"去造访的餐厅，是同类饮食风格中特别优秀的餐厅。

两颗星表示餐厅的厨艺非常高超，是绕远路也值得去的餐厅。

三颗星是"值得特别安排一趟旅行"去造访的餐厅。

2020 年，一共 628 家餐厅上榜米其林星级餐厅，其中法国以 29 家三星级餐厅名列米其林三星餐厅榜首，日本以 27 家紧随其后，美国（14 家）、中国（12 家）、西班牙（11 家）、意大利（11 家）、德国（10 家）等纷纷上榜，吸引着世界各地热爱美食的人驱车远行。就这样，一个不按常理出牌的营销策略，使一家轮胎制造商以美食家的身份被世人铭记。

换了个思路却成就了米其林的宣传，这不得不说是一个奇迹。

创新测试

请你在 3 分钟内说出报纸的用途，越多越好。

大家或许很快会说出：看新闻、看照片、看漫画、读广告、查信息、享受散文、学知识、包东西等普通用途，那么，还有没有其他用途呢？或许有人还提出了报纸的其他用途，如卖废品、做门帘、取暖、做纸样、包书皮、糊顶棚、做衣服、练字、写作、做风筝等等。还有个别的人会提出一些另类的用途，如当食物、做武器、堵下水道、发电等。

你列举了多少种普通用途、其他用途、另类用途？

第四讲　潜心修炼，锻造创新品格

杰出的创新者不是天生的，而是靠后天的努力造就的。其间，不仅需要正确的方法，还需要相应的品格。一个想要创新，或者正走在创新路上的创新者需要锻造自己的创新品格。创新品格包括以下 10 个方面，我们分别展开论述。

一、健康的心理

　　健康的心理指创新者对客观事物有正确的认知和良好的心态。拥有健康的心理是创新品格的第一要素。君子爱财，取之有道。创新是为了实现个人价值，同时服务于社会，而不是以损害他人的利益而获得自己的利益。以次充好，缺斤少两，为了一己私利，制假贩假的那些个"点子"，都不是在创新，而是真正的愚蠢。

 树德创新

工匠精神

　　随着我国劳动力成本的增加，我国的制造业正在从中低端向高端转移，而以工匠精神为核心的产品质量始终是引领我们前进的方向。没有强大的制造业，就没有国家和民族的强盛，打造具有国际竞争力的制造业，是我国提升综合国力、保障国家安全、建设世界强国的必由之路。

　　制造业的转型升级不仅意味着产品要与时俱进、更新换代，也包括对产品设计和质量的精益求精。国内有些产品确实产能过剩，远高于市场需求，但也有相当多的产品，并非没有市场，而是因为质量不高、老旧低劣而被市场抛弃。比如奶粉，三聚氰胺事件造成民众对国产奶制品行业的普遍不信任，纷纷通过海外代购购入美国、荷兰、新西兰等国奶粉。再比如国人到日本疯抢的马桶盖，其实很大一部分是日本企业委托中国工厂代工生产的。而此类事件出现的根本原因，就是工匠精神的缺失。

　　制造业是国民经济的主体，是立国之本、兴国之器、强国之基。强国必须先强质。追求精益求精、质量至上的工匠精神是制造业的灵魂，必须把工匠精神与创新精神作为强国战略的两大支柱。唯有如此，才能实现中国制造向中国创造的转变，中国速度向中国质量的转变，中国产品向中国品牌的转变，才能完成中国制造由大变强的战略任务。

　　【点拨】工匠精神是一种在设计上追求独具匠心、质量上追求精益求精、技艺上追求尽善尽美的精神，蕴涵着严谨、耐心、踏实、专注、敬业、创新、拼搏等可贵品质。工匠精神体现于各行各业、企业家和劳动者的价值追求和综合素质上，落实在产品的质量和生产的各个环节上。

　　党的二十大报告指出，培养造就大批德才兼备的高素质人才，是国家和民族长远发展大计。功以才成，业由才广。要努力培养造就更多青年科技人才、卓越工程师、大国工匠、高技能人才。

二、自信

自信是指创新者对自己的能力与水平恰当地认同与相信。自信是创新成功者的第一要素和力量源泉。乔布斯年轻时就曾大胆宣言要改变世界，这是一种何等的自信。当我们遇到难题时，过多地听从别人的告诫，你的创新能力可能会丧失。正如一位成功的企业家所说：一项新事业在十个人当中，有一两个赞同就可以开始了；有五个赞成时，就已经晚了一步；如果有七八个人赞成时，那就太晚了。而做出行动时，关键因素就是自信，不管其他人如何不理解，不支持，只要相信自己的能力，相信自己的目标，就一定会实现梦想。

创新故事

相传，我国著名书法家郑板桥未成名时，成天琢磨前辈书法大家的体势，总想写得与前辈大家一模一样。一天晚上睡觉时，郑板桥用手指先在自己身上练字。朦胧之中，手指写到了妻子身上。妻子被惊醒，生气地说："我有我体，你有你体，你为何写我体？"他从妻子的话中马上得到启示：应该写自己的字体，不能一味学人。在这个思想的作用下，他刻苦用功，形成了自己的独特字体。

从这个故事可以看出，相信自己的能力和实力，认同自己独特的价值，是开启创新的第一步。

三、灵活的思维

灵活的思维是指创新者在追求目标的过程中不受思考角度的影响。有这样一个脑筋急转弯，说一个孩子与一个大人在一起，有人问大人："他是你儿子吗？"大人回答："是。"再问孩子："他是你父亲吗？"，孩子说："根本不是。"为什么？

你知道答案吗？答案很简单，那个大人是孩子的母亲。要转过这个弯儿来，必须打破思维定势，拥有灵活的思维。

讨论与分享

法国著名女高音歌唱家玛迪梅普莱有一个美丽的私人园林。每到周末，总会有人到她的园林里摘花捡蘑菇，有的甚至搭起帐篷，在草地上野营野餐，弄得园林一片狼藉、肮脏不堪。歌唱家曾让人在园林四周围上篱笆，并竖起"私人园林禁止入内"的木牌，却无济于事。过不了几天又让人竖起"私人园林禁止入内，违者重罚"的牌子，园林还是遭到践踏和破坏。后来，歌唱家让人做了个大牌子立在路口，上面醒目地写了一句话，此后再也没有人闯入园林。你知道写了什么吗？

四、质疑精神

质疑就是敢于突破传统，敢于挑战权威，敢于打破思维定势，跳出从众的心理影响。爱因斯坦说："提出一个问题，往往比解决一个问题更重要。"质疑思维最为宝贵的特征是它的求实性。质疑在培养人的独立思考、破除思维定势上发挥着独特的作用。

问题是智慧的大门。我国古代教育家也早就提出过"学从疑生，疑解则学成"的观点。一切科学发现都是从疑问开始的，哥白尼对地球中心说的疑问，推动他建立了太阳中心说。意大利物理学家、天文学家伽利略始于对亚里士多德"物体依本身的轻重而下落有快有慢"的结论的怀疑，通过多次实验，证明了物体下落的速度与物体的重量无关，进而动摇了亚里士多德长期在物理学中的统治地位，推动了科学的发展。

科学从疑问开始，工作也是从疑问开始。质疑是工作主动性和责任心的体现，只有主动工作且具有责任心的员工，才会去质疑工作中的不足，进而改进工作，完成创新的可能性。因此，要敏于生疑、敢于存疑、勇于质疑，并由此源源生发出各种新异、多彩、多元的发展性、创造性、突破性的新构思、新思想、新思维。

质疑有起疑、提问、追问、目标导向这几个过程。

起疑就是遇到事情多问为什么会这样？事情难道真的是这样的吗？提问就是在思考、发现、处理问题时，通过对现在、过去的事情提出疑问来寻求准确的答案、观念或理论。追问是由第一个"为什么"所引出的问题，再提问并一再追问下去，直到找出产生问题的根源、解决问题的思维过程。目标导向就是围绕目标而产生的独特、新颖和高效的创新方法以达到目标的思维过程。

先要学会质疑，才能对问题进行追踪，进而有了目标导向，最后才能创新。如果连疑问都没有，又怎么能有创新的目标呢。可见，没有质疑，就没有创新。

创新故事

有一家化学公司的工程师，问身旁的工人："不知道你们是否注意到，房子墙壁上的油漆三四年后不仅残破不堪、龟裂脱落，而且不易刮掉。有没有什么好办法可以除去油漆呢？假如我们在油漆里加些火药，是不是就可以把油漆炸离墙壁呢？"这位工程师的想法似乎非常不切实际。

但说者无意，听者有心。旁边的一个工人开始琢磨起这个问题来。后来，他从工程师的话中得到启发，想到了往油漆里加入添加剂的方法。在刷上油漆之后，这些添加剂易使油漆从墙面上剥离，从而将油漆清除干净。于是一种新型油漆问世了。

五、明确的目标

明确的目标是指创新者对自己的未来有清楚的设计与追求，即做一个什么样的人。有调查称，如果一个人在三年中都未曾有过目标，那么这个人极有可能将成为碌碌无为的一个人。目标是所有行动的指南。生活中，我们乘坐出租车时，一上车，你需要回答的就是目的地是哪里，司机师傅会很快地规划行车路线，怎样走是最快的，然后将你送至目的地。如果你告诉司机师傅"随便哪"，那么他一定会不知所措，行动也会混乱，这就是目标的重要性。

走钢丝穿越峡谷的杂技演员有一个技巧：走钢丝时，并不是刻板地僵硬不动，为了保持平衡，身体总是轻轻地摇摆和弯曲，但有一点是不变的，脚趾朝一个方向移动，向着眼睛盯着的目标——钢丝的另一头，前进！而良马在奔跑时，总是要被戴上眼罩的，这样，它就会保持直视，而不受其他马匹和事物的影响，只会按照自己的跑道向前跑！这就是成功最基本的法则——专注目标而非其他。高手出招，一定是倾注精力于自己的目标上，而非竞争对手身上！

古训说"欲多则心散，心散则志衰，志衰则思不达。"卡耐基曾对100多位在其本行业取得杰出成就的成功人士进行分析后，发现他们都具有专注于一件事情的优点，最起码有一段时间专注于一个目标。今天关注这个，明天目标又换成那个，就成了猴子掰苞米，掰一个扔一个，最后什么也得不到。

六、恒久的耐心

恒久的耐心指创新者在追求创新的过程中，始终保持对目标实现的高度期待。

人的一生不是短跑竞赛，而是马拉松赛跑，跑得快的未必先到达终点，跑得慢的也未必就一直慢下去。人生如此，创新也如此，更多的时候需要一份忍耐力，坚持、坚持、再坚持，也许下一秒就成功了。说起来容易做起来难，很多非常有创意的点子就是在现实的打磨下没能坚持下去，被扼杀了。所以创新者，一定要有跑马拉松的忍耐力。

创新故事

一个初中毕业的荷兰青年农民，找到一份在镇政府看门的工作。也许工作太清闲，他选择了费时又费劲地打磨镜片作为自己的业余爱好。就这样，他每天不紧不慢，不慌不忙，一点点地打磨着镜片。日复一日，月复一月，年复一年，他除了看大门外，就是磨镜片，这一磨就是60年。他的技术已经超过了专业技师，磨出的复合镜片的放大倍数也远远高出别人。借着他打磨的镜片，他发现了当时科学界尚未知晓的另一个广阔的世界——微生物世界。为此，只有初中毕业的他，被授予了曾令他遥不可及的巴黎科学院院士的头衔，英国女王也曾因此到小镇拜访他。

　　创造这个奇迹的小人物，就是科学史上大名鼎鼎的荷兰科学家安东尼·列文虎克。他用尽毕生的心血，磨好手中的每一张镜片。这恒久的耐心使他在镜片里看到了科学，科学也从他身上看到了更为光明的未来。

　　有些看上去不怎么聪明、甚至有点弱的人能够取得成功，其秘诀就是认真专注地工作，以及认清目标，不彷徨、不迟疑、坚持到底的忍耐力。

七、坚强的意志

　　坚强的意志是指创新者为达目标而克服各种困难的心理状态。意志是人与动物的区别之一。坚强的意志是人成功的必备品质，是创新者的关键因素。

创新故事

　　崔万志 1976 年出生于安徽肥东，因小儿麻痹症造成下肢行动不便。大学毕业后，为了找到一份足以谋生的工作，崔万志共投出了 200 多份简历，但总是因为残疾而被企业拒绝。在一次招聘会中，某家企业招聘一名雇员，共有 200 多人现场排队等着参加首轮的面试，崔万志当时排在第一位。但是面试主管看到崔万志肢体的不便时，当着招聘大厅里所有人的面，把他从人群里拉了出来。"走，一边去，别挡着别人！"红着脸走出人群的一瞬间，崔万志在心里默默许下誓言："总有一天我会来这个展位招人！"誓言不是米饭，解决不了火烧眉毛的生计问题。在找了两个多月工作无果的情况下，崔万志开始了自己创业的生活。至此，一位商界传奇人物的经商故事才正式开始。

　　崔万志最开始是摆地摊，从天之骄子的大学生，到四处躲避城管的小商贩，这种生活角色的巨大转变，让他一时难以接受。所以，崔万志一边摆地摊，一边还注意着身边的商机。他干过租书店、话吧、网吧，直至开始接触电子商务。2007 年 5 月，崔万志的网店"尔朴树"在一栋居民楼里开始上线运营。第一年的网店运营赔掉了积攒的 20 万元积蓄。痛定思痛后，崔万志开始尝试一条前人从未走过的道路：依托网店的知名度，开创自己的品牌女性服装——蝶恋，一个专注于旗袍的品牌。如今，崔万志的蝶恋品牌是淘宝上最受欢迎的女装品牌之一，品牌旗下多家淘宝店已经荣升"金冠"店铺，而他自己也因为在电子商务方面的突出成就而被淘宝网评为"全球网商 30 强"。

　　因为参加《超级演说家》，崔万志走入大众视野。他相貌普通，腿脚残疾，甚至说话都不是那么流畅清晰。试想，如果不是坚强的意志支撑，他如何能够立足社会，如果不是转变思路，开始创立自己的服装品牌，又如何能够成功。所以在困难面前，坚强的意志加上创新能力，定能成为成功的金钥匙。

八、坦诚的合作意识

坦诚的合作意识是指创新者拥有为实现目标与他人真诚合作的心态与理念。合作是成就大业的关键要素、合作是创新者的良好品德。"众人拾柴火焰高"，"人心齐，泰山移，团结就是力量"，这些名人名言说的就是团结合作的道理。

创新有时可以一个人单独完成。但大多数时候，创新更需要合作完成。如果一个创新者缺少合作精神，那么他的目标是很难实现的。

微软前副总裁在做客中央电视台某栏目时曾谈到：团队精神是微软用人的最基本原则。像 Windows 2000 的研发，就有超过 3 000 名开发工程师和测试人员参加，写出了 5 000 万行代码。如果没有高度统一的团队精神，团队成员之间没有坦诚的合作意识，根本无法完成。一个人的能力终将有限，尤其在现在严酷的竞争环境下，就更需要合作。

九、勇敢的精神

"行之愈险远，则风景愈奇。至平至坦之途，机会鲜矣。"想要创新就必须有不畏艰难，勇敢挑战的精神，在风吹雨打中造就不服输、大无畏的精神品质。

创新故事

清朝时，一位老人带着自己的儿子渡长江、跨黄河、穿陕甘，把货物卖到新疆和西藏。在穿越塔克拉玛干沙漠时，一路劳顿的年轻人不由地抱怨："这沙漠实在太辽阔了！要是小点就好了。"老人抽了一口旱烟，再悠悠地吐出烟圈说："不，孩子，这沙漠还不够宽！要是再宽广一些就好了。"年轻人听了，一脸的疑惑。"如果这沙漠再宽广一倍，那么，来这里经商的人十成中至多只剩下一成。这样，我们的利润就能翻上几番。"

43 年后，这个年轻人的名字——胡雪岩传遍了天下。他从一介布衣一跃成为富可敌国的"大清财神"，创造了一个传奇。

俗话说"商不畏险"。别人看到危险，商人看到的是商机，这就需要有过人的胆识和勇敢的精神。

十、勇于实践

光想不做是思想的巨人，行动的矮子。好的想法，好的创意，只有付诸实践，在实践当中检测过关，那才是真正的创新。一个人整天躺在床上，不停地想这样或那样的好主意，见人就去分享他的好主意，然后感叹世间缺少伯乐，无人赏识他这个千里马，那他根本不会成功。想法必须要付诸实践，才会成功。

 创新故事

温城辉是礼物说创始人兼CEO。他高中创办校内独立杂志，大学时开办了一家做校园Q版明信片的公司。他后来又创办了"礼物说"，旨在给喜欢创意的年轻人提供别出心裁的送礼"攻略"，其设计采用的是90后喜欢的小清新风格。因此，年轻女孩构成了礼物说的主要用户群体。

2015年9月，礼物说上线一年，用户突破1 500万，年销售额近10亿人民币。2017年7月礼物说宣布获得数千万人民币融资。温城辉的志向是要做中国的扎克伯格。

问及他的创业，温城辉说："在我看来，最重要的是要有追求理想的行动。有了好的想法，就马上开始行动，遇到问题就马上解决，绝不拖延。上大学我最常干的事情就是卖完明信片，回到宿舍，别人在那里打游戏，我在那里看书。休学离开后，室友说人走了，却给我们留下了一座图书馆。"

好的创意加上超强的行动力，成就了温城辉。所以当有了好的创意时，一定要快速展开行动，而不是躺在床上在脑海里搭建"空中楼阁"。

 讨论与分享

有家大型广告公司招聘高级广告设计师，面试的题目是要求每个应聘者在一张白纸上设计出一个自己认为是最好的方案，没有主题和内容的限制，然后把自己的方案扔到窗外。谁的方案最先设计完成，并且第一个被路人捡起来看，谁就会被录用。设计师们立即开始了忙碌的工作，他们绞尽脑汁地描绘着精美的图案，甚至还有人费尽心思地画出诱人的美食。就在其他人正手忙脚乱的时候，一个设计师非常迅速、非常从容地把自己的方案扔到了窗外，并引起了路人的哄抢。你知道他是怎么做的吗？

创新活动营

测测我的创造力——尤金创造力测试题

美国心理学家尤金·劳德赛，根据多年来对善于思考、富有创造力的男女科学家、工程师和企业经理等人的个性和品质的研究，设计了下面这套适用于成人的创造力测试卷。

答题时，在每一道题后的括号内填入所选字母诚实地作答：

"A"表示同意，"B"表示不清楚，"C"表示不同意。

然后，根据题后所附评分标准进行统计，根据得分评价自己的创造能力。

1. 我不做盲目的事，也就是说我总是有的放矢，用正确的步骤来解决每一个具体

问题。　　　　　　　　　　　　　　　　　　　　　　　　　　　　　　　（　　）

2. 我认为，只提出问题而不想获得答案，无疑是浪费时间。　　　　（　　）

3. 无论什么事情，要使我产生兴趣，总比别人困难。　　　　　　　（　　）

4. 我认为，合乎逻辑的、循序渐进的方法是解决问题的最好方法。　（　　）

5. 有时，我在小组里发表的意见，似乎使一些人感到厌烦。　　　　（　　）

6. 我花费大量时间来考虑别人是怎样看待我的。　　　　　　　　　（　　）

7. 我认为，做自认为是正确的事情，比力求博得别人的赞同要重要得多。（　　）

8. 我不尊重那些做事似乎没有把握的人。　　　　　　　　　　　　（　　）

9. 我需要的刺激和兴趣比别人多。　　　　　　　　　　　　　　　（　　）

10. 我知道如何在考验面前保持自己的内心镇静。　　　　　　　　　（　　）

11. 我能坚持很长一段时间解决难题。　　　　　　　　　　　　　　（　　）

12. 有时我对事情过于热情。　　　　　　　　　　　　　　　　　　（　　）

13. 在特别无事可做时，我倒常常想出好主意。　　　　　　　　　　（　　）

14. 在解决问题时，我常常单凭直觉来判断"正确""错误"。　　　　（　　）

15. 在解决问题时，我分析问题较快，而综合所收集的资料很慢。　　（　　）

16. 有时我打破常规去做我原来并未想到要做的事。　　　　　　　　（　　）

17. 我有收集东西的癖好。　　　　　　　　　　　　　　　　　　　（　　）

18. 幻想促进了我很多重要计划的提出。　　　　　　　　　　　　　（　　）

19. 我喜欢客观而又有理性的人。　　　　　　　　　　　　　　　　（　　）

20. 如果要我在本职工作之外的两种职业中选择，我宁愿当一个实际工作者，也不当探索者。　　　　　　　　　　　　　　　　　　　　　　　　　　（　　）

21. 我能与自己的同事或同行们很好地相处。　　　　　　　　　　　（　　）

22. 我有较高的审美。　　　　　　　　　　　　　　　　　　　　　（　　）

23. 在我的一生中，我一直在追求名利和地位。　　　　　　　　　　（　　）

24. 我喜欢坚信自己的结论的人。　　　　　　　　　　　　　　　　（　　）

25. 我认为，灵感与获得成功无关。　　　　　　　　　　　　　　　（　　）

26. 争论时，使我感到最高兴的是，原来与我观点不一致的人变成了我的朋友，即使牺牲我原先的观点也在所不惜。　　　　　　　　　　　　　　　　　　（　　）

27. 我更大的兴趣在于提出新的建议，而不在于说服别人接受这些建议。（　　）

28. 我喜欢独自一人整天"深思熟虑"。　　　　　　　　　　　　　　（　　）

29. 我往往避免做那种使我感到效率低下的工作。　　　　　　　　　（　　）

30. 在评价资料时，我觉得资料的来源比其内容更为重要。　　　　　（　·　）

31. 我不满意那些不确定的和不可预言的事。　　　　　　　　　　　（　　）

32. 我喜欢一门心思苦干的人。　　　　　　　　　　　　　（　　　）

33. 一个人的自尊比得到他人的敬慕更为重要。　　　　　　（　　　）

34. 我觉得那些力求完美的人是不明智的。　　　　　　　　（　　　）

35. 我愿意和大家一起努力工作，而不愿意单独工作。　　　（　　　）

36. 我喜欢那种对别人产生影响的工作。　　　　　　　　　（　　　）

37. 在生活中，我经常碰到不能用"正确"或"错误"来加以判断的问题。（　　　）

38. 对我来说，"各得其所""各在其位"是很重要的。　　　（　　　）

39. 那些使用古怪和不常用的词语的作家，纯粹是为了炫耀自己。（　　　）

40. 许多人之所以感到苦恼，是因为他们把事情看得太认真了。（　　　）

41. 即便遭到不幸、挫折和反对，我仍然能够对我的工作保持原来的精神状态和热情。

　　　　　　　　　　　　　　　　　　　　　　　　　（　　　）

42. 想入非非的人是不切实际的。　　　　　　　　　　　　（　　　）

43. 我对"我不知道的事"比对"我知道的事"印象更深刻。（　　　）

44. 我对"这可能是什么"比对"这是什么"更感兴趣。　　（　　　）

45. 我经常为自己在无意中说话伤人而闷闷不乐。　　　　　（　　　）

46. 即使没有报答，我也乐意为新颖的想法花费大量时间。（　　　）

47. 我认为，"出主意没什么了不起"这种说法是中肯的。（　　　）

48. 我不喜欢提出那种显得无知的问题。　　　　　　　　　（　　　）

49. 一旦任务在身，即使受到挫折，我也要坚决完成。　　　（　　　）

50. 从下面描述人物性格的形容词中，挑选出 10 个你认为最能说明你性格的词：

精神饱满的	有说服力的	实事求是的	虚心的
观察力敏锐的	谨慎的	束手束脚的	足智多谋的
自高自大的	有主见的	有献身精神的	有独创性的
性急的	高效的	乐于助人的	坚强的
老练的	有克制力的	热情的	时髦的
自信的	不屈不挠的	有远见的	机灵的
好奇的	有组织力的	铁石心肠的	思路清晰的
脾气温顺的	可预言的	拘泥形式的	不拘礼节的
有理解力的	有朝气的	严于律己的	精干的
讲实惠的	感觉灵敏的	无畏的	严格的
一丝不苟的	谦逊的	复杂的	漫不经心的
柔顺的	创新的	泰然自若的	渴求知识的
实干的	好交际的	善良的	孤独的
不满足的	易动感情的		

尤金创造力测试题评分标准

题号	1	2	3	4	5	6	7	8	9	10
A	0	0	4	−2	2	−1	3	0	3	1
B	1	1	1	0	1	0	0	1	0	0
C	2	2	0	3	0	3	−1	2	−1	3
题号	11	12	13	14	15	16	17	18	19	20
A	4	3	2	4	−1	2	0	3	0	0
B	1	0	1	0	0	1	1	0	1	1
C	0	−1	0	−2	2	2	2	−1	2	2
题号	21	22	23	24	25	26	27	28	29	30
A	0	3	0	−1	0	−1	2	2	0	−2
B	1	0	1	0	1	0	1	0	1	0
C	2	−1	2	2	3	2	0	−1	2	3
题号	31	32	33	34	35	36	37	38	39	40
A	0	0	3	−1	0	1	2	0	−1	2
B	1	1	0	0	1	2	1	1	0	1
C	2	2	−1	2	2	3	0	2	2	0
题号	41	42	43	44	45	46	47	48	49	50
A	3	−1	2	2	−1	3	0	0	3	
B	1	0	1	1	0	2	1	1	1	
C	0	2	0	0	2	0	2	3	0	

【关于题 50】

选下列每词得 2 分：精神饱满的、观察力敏锐的、不屈不挠的、柔顺的、足智多谋的、有主见的、有献身精神的、有独创性的、感觉灵敏的、无畏的、创新的、好奇的、有朝气的、热情的、严于律己的。

选下列每词得 1 分：自信的、有远见的、不拘礼节的、不满足的、一丝不苟的、虚心的、机灵的、坚强的。

选其余词得 0 分。

尤金创造力测试题得分与创造力评价

得 分	评 价
110～140	创造力非凡
85～109	创造力很强
56～84	创造力强
30～55	创造力一般
15～29	创造力弱
−21～14	创造力很弱

专 题 三

了解创新基本方法

内容提要

创新方法在美国被称为创造力工程，在日本被称为发明技法，在俄罗斯被称为创造力技术或专家技术，且一直为世界各国所重视。中国著名创新专家郎加明说过："对于创新来说，方法就是新的世界，最重要的不是知识，而是思路。"

"授人以鱼不如授人以渔"是一条在许多国家都很流行的谚语，字面意思是给别人鱼不如交给他捕鱼的方法。一条鱼能解一时之饥，却不能解长久之饥，真正学会捕鱼的方法才是长久之计。对于创新也是如此，掌握创新的方法和技巧更为重要。

创新有法，但无定法。对于某种早已存在的方法或技巧，如果一直未能充分发挥出作用，而却被你巧妙运用，使之发挥出前所未有的作用和功效，这也是一种创新。

如果你想要创新却不知道该如何创新，那你可以从了解和熟悉创新方法开始。

 **第一讲　从模仿开始学习创新**

模仿是指个体重复他人行为的过程。许多人认为模仿是一种不正当的行为，但其实模仿是人们进行学习的一种重要方式，是创造、创新的开始和阶梯。

媒体在对乔布斯的一次采访中说："我们得知您认为麦金塔电脑（Macintosh）是非常伟大的创新作品，然而有人说贵公司的产品抄袭了之前其他公司的设计。对此，您怎样看？"乔布斯回答说："毕加索曾经说过'好的艺术家抄袭，伟大的艺术家偷窃'。我想这可以回答你们的问题"。虽然我们无法考证毕加索是否说过这句话，但乔布斯意在表达很多伟大的创新，其实都有以日常生活中的素材作为其模仿的依据。

模仿也是创造、创新的一条捷径。在前人或他人成果的基础上，通过模仿开启创新之门，推陈出新。如果你目前还没有好的创新点子或灵感，那么你可以先从模仿开始。

 **创新故事**

1. 云南白药创可贴

在我国小创伤护理领域，"邦迪"一度占领了大部分市场。很多用户想到创可贴的时候甚至不知道还存在其他品牌。云南白药分析市场后认为，"邦迪"创可贴的特色在于胶布的良好性能。但它没有消毒杀菌功能。云南白药可以在"邦迪"创可贴胶布特色的基础上增加消炎杀菌的功能，从而让伤口愈合得更快。于是邦迪成了云南白药第一个模仿，也是超越的对象。

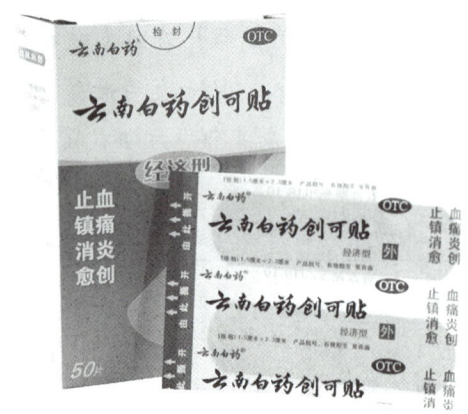

为了解决胶布材料的技术问题，云南白药集团董事长王明辉整合全球资源，最终选择与在技术绷带和黏性贴等领域具有全球领先技术的德国拜尔斯多夫公司合作。不到两年时间，双方合作的"云南白药创可贴"便迅速推向市场。

2. 安卓系统

安卓系统实际上是谷歌研发的一个模仿苹果"iOS+App"模式的手机操作系统，其研发始于2007年11月，即在iPhone上市后不久。但谷歌采取了与苹果封闭系统不同的商业创新模式：安卓第一版上市时，即与34家手机厂商、运营商成立了"开放手机联盟（OHA）"，以开放系统强势对抗苹果系统。结果不到两年时间，安卓系统的用户量就超越了苹果iOS的用户量。

3. 金丝猴奶糖

国人皆知的"大白兔"是牛奶软糖的第一品牌，甚至凝结了生活在1960—1990年三代人的消费情感记忆。"七粒大白兔，等于一杯牛奶"是"大白兔"根据热量等值换算出的一句产品独特广告语。在牛奶匮乏的年代，大白兔奶糖无疑成了国人补充动物蛋白的替代产品。

20 世纪 90 年代后期，金丝猴奶糖横空出世，开始抢夺大白兔奶糖的市场份额。金丝猴奶糖不仅模仿了大白兔奶糖的扭结、蓝白风格等产品形态及包装风格，甚至在产品营销上采取了更吸引人的广告语："三粒金丝猴奶糖，就是一杯好牛奶"。

这种模仿式创新产品，就像美国营销史上百事可乐极力效仿可口可乐的广告攻势一样。但在策略上，模仿领先对手的核心产品特点，是模仿式创新产品快速上位、成为老二的不二法门。

学习的过程离不开模仿，创新也要从模仿开始。所以，慢慢来吧，无论你现在在做什么，虚心向他人学习，努力模仿并用心领悟，在不涉及侵权等法律底线的前提下，去完成从模仿到创新的成长历程吧！

 **创新训练**

请你选择比较熟悉的事物，试着运用模仿的方法思考如何进行创新。

第二讲 简单组合可见奇效

组织得好的石头能成为建筑，组织得好的词汇能成为漂亮文章，组织得好的想象和激情能成为优美的诗篇。

——英国学者阿特·布莱基

你一定知道数学中排列组合的妙处吧！组合不仅可以帮助我们解决生活中很多常见又棘手的问题，而且还给我们创造了千姿百态的世界和丰富多彩的生活：一处迷人的风景是由山川、河流、绿树、繁花组合而成的，一首美妙的歌曲是由若干音符组合而成的。

发明创造也离不开各式各样的组合，把表面看起来不相关的事物，有机地组合在一起，从而产生意想不到的效果。组合创新涵盖人类生活的方方面面，人类巨大的创新潜力就包含在组合里。以组合为基础的创新活动，在所有创新实践中占据主导地位。

创新故事

美国著名的金山大桥是双向8车道，通车后一度出现拥堵问题，相关部门很是苦恼，决定向社会征集解决方案。一个美国青年通过多日观察，发现了其中的症结所在：上午市民上班造成左边车道拥挤，下午下班造成右边车道拥挤。该青年随即提出将4+4车道改成"6+2"车道的想法，即上午左边车道为6道，右边车道为2道，下午则相反。如此，问题迎刃而解。同样是8车道，经过重新组合就改善了道路拥堵状况，从而节省了数亿元再建新桥的资金。

一、组合起来，力量无穷

组合是将现有的科学技术、原理、方法、现象、物品等做适当的综合，将两个或两个以上看似没有联系的学说、技术或产品通过巧妙重组，获得具有统一整体功能的新学说、新技术或新产品的创新方法。

创新故事

海曼是美国佛罗里达州的一名画家。他画技虽然不高，但是非常努力。有一天，海曼正在画画。画着画着，他觉得有个地方需要修改一下，于是赶紧用橡皮擦掉修改。刚擦完，又发现铅笔不见了，海曼很恼火。后来他找到铅笔后，就把铅笔和橡皮绑在了一起。可是，没过几天，橡皮就掉下来了。

海曼又把它们绑起来，可过几天还是掉下来。这样几次以后，海曼索性不画画了，专门想办法来固定铅笔上的橡皮。

最后，海曼终于想出了用薄铁皮将橡皮固定在铅笔尾部的好办法。后来，海曼将这个小发明申请了专利。著名的 RABAR 铅笔公司知道后，用 55 万美元买下了这一专利。就这样，海曼由一个穷画家变成了大富翁。

认识了组合，那组合起来会怎么样呢？我们看看闻一多先生的解释。

有一次，闻一多先生在给学生上课时，在黑板上写了一道算术题：2+5=？问道："大家谁知道二加五等于多少？"

学生们有点疑惑不解地回答："等于七嘛！"

闻一多先生说："不错，在数学领域里，2+5=7，这是天经地义的。但是，在艺术领域里，2+5=10 000 也是可能的。"

说到这里，他拿出一幅题为《万里驰骋》的国画给学生们欣赏。只见画面上突出地画了两匹奔马，在这两匹奔马后面又错落有致、大小不一地画了五匹马，这五匹马后面便是许多影影绰绰的黑点点了。

闻一多先生指着画说："从整个画面来看，只有前后七匹马。然而，凡是看过这幅画的人，都会感到这里有万马奔腾，这难道不是 2+5=10 000 吗？"

由此可见，组合起来后的力量是无穷的。组合思维法就是把对象的各部分、各个方面和各种要素拼凑起来进行思维的方法。组合思维法是创造发明最常用的方法之一。

 创新故事

坦克的发明

坦克，是装有火炮、机关枪和旋转炮塔的履带式战斗车辆，具有火力猛、机动性灵活和装甲防护力强等特点，是矛与盾二者结合为一体的一种战斗力很强的武器，被称之为"陆战之王"。但你一定想不到它是一位随军记者发明的。

在第一次世界大战初期，由于军队的装备差，进攻和防御的力量都不强，所以英法联军的一次次冲锋都被防御严密的德军击退了，伤亡惨重。

英国随军记者斯文顿目睹了这一切后，为自己军队的惨重伤亡深深地担忧。他想，如果有一种能集进攻与防御为一体的重型武器就好了。防御，需要厚厚的钢甲铁衣，当然不可能给战士穿上；进攻，需要一种大型的既可越沟又能爬坡的车辆。哪里去找这种车辆呢？斯文顿曾经当过"霍尔特"大型拖拉机手，知道履带式的拖拉机是可以爬坡越沟的。可拖拉机是用于生产而不是战斗的车辆，是毫无防御与进攻能力的车辆。这时一个想法突然进入了他的脑海：如果给既能越沟又能爬坡的大型履带式拖拉机穿上厚厚的钢甲铁衣，使它不怕枪弹；再给它装上火炮、机关枪等重型武器，使它可以进攻，那该多好！

斯文顿立即向英国建议将"霍尔特"型拖拉机改装成既能防御，又能进攻的战车。当时的英国陆军对此毫无兴趣，并嘲笑斯文顿这一愚蠢想法。而时任海军大臣的丘吉尔却如获至宝，下令组建"陆地战舰委员会"，亲自领导"陆地战舰"的研制工作。1915 年 2 月，英国政府采纳了斯文顿的建议，利用汽车、拖拉机、枪炮制造和冶金技术开始制造"陆地战舰"。

不久，根据斯文顿的设想设计并制作的"陆地战舰"就在英国的一家工厂生产出来了。这种"陆地战舰"四周有厚厚的钢甲，不怕枪弹；车轮是履带式的，在非平地上行动自如，特别善于爬坡越沟，可以直接冲入敌人阵地；车上装有机关枪等杀伤力很强的武器。由于这个庞大的"陆地战舰"像个大水箱（tank），便用"tank"对它命名。这就是世界上的第一代坦克。

当坦克突然出现在阵地上时，德军对此不以为然，并用枪炮对其进行射击。然而这庞然大物竟然不怕枪弹，越障跨壕、纵横驰骋、所向披靡，很快便显示出了无坚不摧的强大威力。最终德军大败，落荒而逃。英法联军很快取得了战斗的胜利。

坦克为英法联军战胜德军立下了汗马功劳，成为第一次世界大战中最有影响力的发明。而实际上，坦克就是履带拖拉机与枪炮的组合。

二、组合起来，千姿百态

组合是客观世界中十分普遍的现象，小至微观世界的原子、分子，大至宇宙中的天体、星系，到处都存在形形色色的组合现象。处处可见的组合让我们的生活丰富多彩，让我们的世界千姿百态。

钟表闹钟摆件

组合能引起事物属性的变化，比如在电影剪辑技术中，如果把电影镜头的次序改变，就很有可能产生完全不同的效果。请想象以下三个镜头：（1）一个人在笑；（2）枪口对准了他；（3）他一脸恐惧。这三个镜头给观众呈现的是一个懦夫的形象。但如果把镜头的顺序调整为（3）（2）（1），观众看到的则是一个面对枪口哈哈大笑的勇士形象。这就是组合在创新中的妙用。

生活中的组合实例很多，例如：

（1）带橡皮的铅笔、红蓝铅笔、香味橡皮、沙拉调料汁（油+醋）及各种鸡尾酒。

（2）自行车从代步到载货，再到添加发动机衍生出三轮机车、四轮机车。

（3）在婴儿奶瓶的基础上增加温度显示功能。

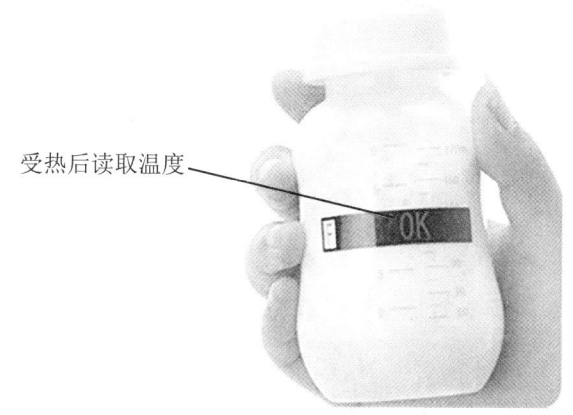

受热后读取温度

（4）同一个日式房间，铺上被子可以用作卧室，收起被子就是客厅，这种组合可以有效利用空间。

（5）经过发展，手表不仅能看时间，还能打电话、发信息，与手机、私家车通过蓝牙连接起来。

创新故事

1. 瑞士军刀的精彩组合

被世界各国视为珍品的瑞士军刀,被认为是迄今为止最精彩的组合。其中被称为"瑞士冠军"的款式最为难得,它由大刀、小刀、拔木塞钻、开瓶器、一字起子、十字起子、放大镜等31种工具组合而成。携带一把瑞士军刀等于带了一个工具箱,但整件物体长只有9厘米,重只有185克,完美得令人难以置信。正因为如此,素以苛刻著称的美国现代艺术博物馆也收藏了一把瑞士军刀中的极品。美国前总统约翰逊、里根、布什都特地订购瑞士军刀,作为赠送国宾的礼品。

几年前,瑞士军刀的生产商在国际消费电子展上推出了一款数字版的瑞士军刀。这把军刀除了配备主刀、镊子、起子、剪刀和钥匙圈等基本工具外,还集成了一个32 GB的U盘,并整合了指纹识别认证功能。除此之外,它还集成了蓝牙模块,在连接计算机后,用户可利用刀身上的两个按钮来控制幻灯片播放,并附带了一个演讲中常用的激光灯。瑞士军刀的传奇组合之旅并没有止步,它正在向现代化迈进。

2. 电子计算机技术与X射线扫描技术的组合

如今去医院看病,医生有时会让病人做CT检查一下。CT扫描技术是20世纪70年代在世界医学界引起轰动并被各国广泛用于临床的一种先进技术。它以方便、直观、准确的特点,成了大中型医院临床检查的常规手段。

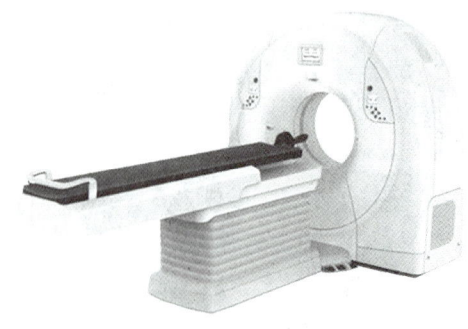

CT 扫描技术能使人体的各种内脏器官的横断图像，于几秒钟内显示在荧光屏上，因而能使医生准确地诊断许多病症。尤其是在诊断脑、脊髓、眼、肝、胰、肾上腺等器官的疾病中，CT 具有无比的优越性。但 CT 实际上是指电子计算机与 X 射线扫描技术。CT 是它的英文名（Computed Tomography）的缩写。CT 的 X 射线装置与计算机都是已有的成果，但是它们组合在一起后，就有了特殊的功能。

3. 电视的组合创新

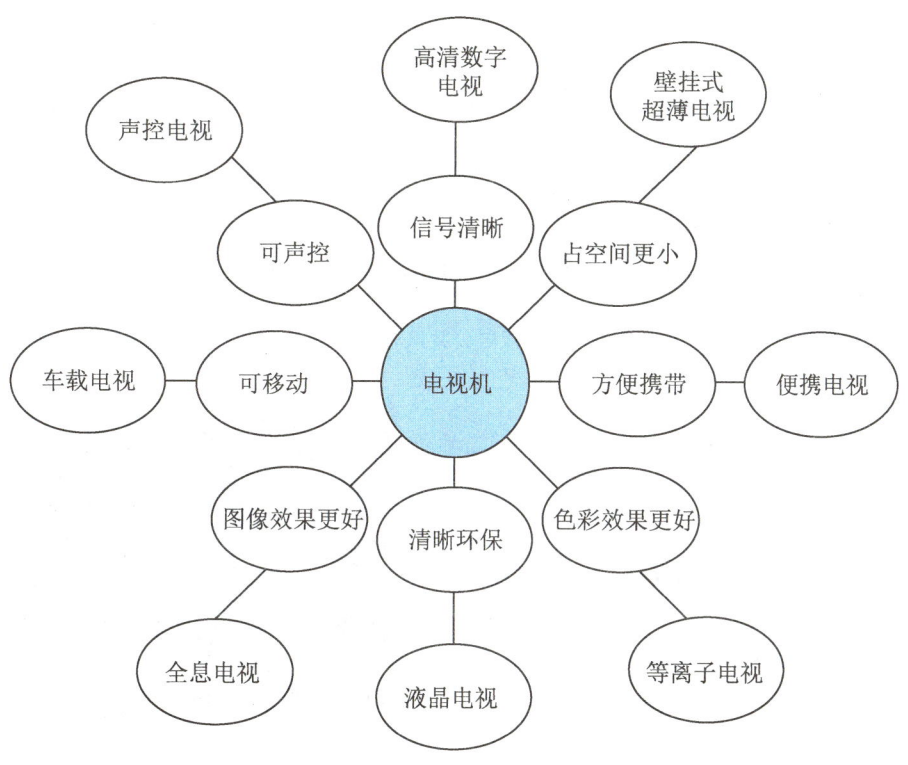

三、常见组合的类型

运用组合进行创新的思路多种多样。下面我们就来看一看各种各样的组合类型吧！

（一）同类组合

同类组合是指将两个或两个以上的同类事物进行组合。参与同类组合的对象与组合前相比，只是通过数量的变化增加了新事物的功能，其性质、结构没有发生根本变化。例如，大家都知道的双层公共汽车、情侣伞、情侣衫、双向拉链、双色笔、多色笔、子母灯、霓虹灯、双层文具盒、多级火箭等。简单的事物可以组合，复杂的事物也可以组合，组合并不受事物本身条件的限制，非常灵活。同类组合的

扫一扫

同类组合法

方法虽然简单，却很实用。将同类组合应用于工业或生活中的产品，常常可以产生意想不到的效果。

由于组合的角度不同、形式不同、方法不同、目的不同，产生的结果就不同。一把刀加另外一把刀，刀刃相对，交叉起来，就组合成为一把剪刀；多个铅笔头首尾相接，用完一个拆下来放到最后，把新的笔头顶出来，就组合成了安全、环保、方便的多头铅笔；红灯、绿灯、黄灯一起放到路口，就组合成指挥人们通行的交通信号灯。

双层公共汽车

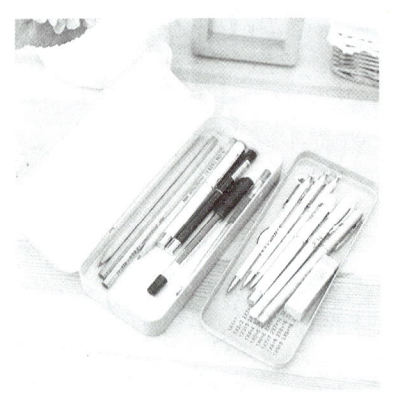

双层文具盒

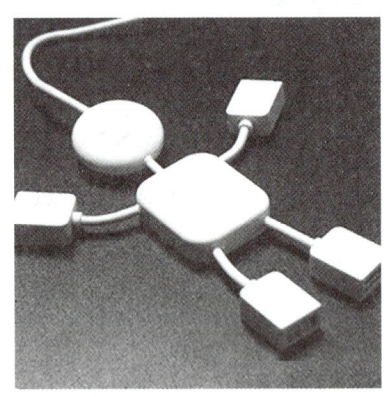

人形 HUB（集线器）

创新故事

2010 年，吉利一款双体概念车被完全曝光，其标新立异的外形和与众不同的内部结构，带来了一系列的概念突破。这款双体车包括两个左右并列的单体车，即主单体车和从单体车。两个单体车都由车体、前轮、后轮、主从电控系统组成。主单体车和从单体车能够完全分离，各自独立运行。

主单体车与从单体车之间通过一个机械连接机构固定在一起。固定后，主电控系统与从电控系统能采用有线或无线通信的方式进行联系，并且主电控系统能够控制从电控系统，从而实现整车运行。若两车司机各自有事、去向不一或者路遇拥堵、狭窄的地段，两单体车就可以脱离开来，"分道扬镳"，灵活穿行于车流或窄街小巷之中。两车司机各

自办完事后或进入高速公路时，两单体车又可以合二为一。这样就可以使常规四轮车辆遇到的通道狭窄、交通堵塞、停车不便等一系列问题迎刃而解。当然，吉利的双体车结构原理并不像表面显示的那么简单。它的研发需要攻克一系列技术难关。虽然吉利双体车短期内不可能量产，取得经济效益，但吉利或许会利用相关的研发成果，开发三体车、四体车等，甚至进一步演化出更先进的串联式单体车组，从而在主从控制和自动驾驶等前沿领域，独辟蹊径，有所成就。

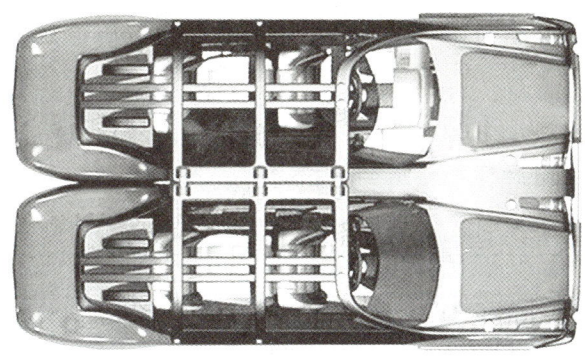

 讨论与分享

请列举生活中同类组合的案例。

（二）异类组合

异类组合是指将两种或两种以上的不同领域的事物、思想或观念进行组合，产生有价值的新整体的组合方式。由于异类组合的组合元素来自不同的领域，因此，一般无明显的主次之分，但其创新性却很强。例如，维生素、糖果两者都是客观存在的事物，但是雅客V9将二者融合，摇身一变成了"维生素糖果"；餐厅与音乐结合，将饮食之乐与音乐之美完美结合起来，让你在就餐时拥有绝妙的体验。

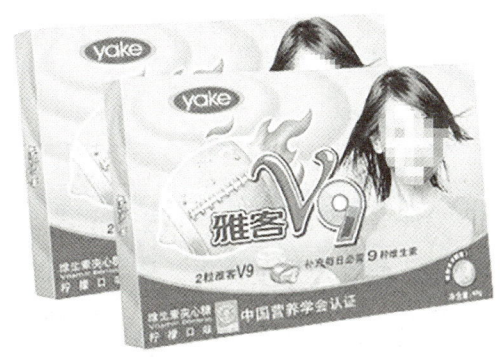

 创新故事

超声波电动牙刷

　　在购物网站上，一种新的发明创造——超声波电动牙刷很受人们欢迎。它结合了电动牙刷和超声波的功能，清洁效果优于一般的电动牙刷和普通牙刷。超声波电动牙刷在刷牙时，利用摆动速度和流体动力来清洁牙齿。其摆动频率可达 31 000 转每分钟。

　　由于超声波电动牙刷是利用超声波的能量清除牙周的病菌和不洁物的，所以它可以全方位深入牙缝甚至牙龈内，这是手动刷牙根本无法做到的。超声波能量通过刷头的刷毛传递到牙齿和牙龈表面，不仅能使菌斑、牙垢和细小的牙石松动，破坏隐藏在牙龈及牙面各处细菌的繁殖；同时还能渗透到牙根内部，作用于细胞膜后，加速人体的血液循环，促进新陈代谢，从而抑制牙周炎症和牙龈出血，防止牙龈萎缩。

　　超声波与牙刷来自不同的领域，它们组合在一起就属于异类组合。但异类组合绝不是简单的随意拼凑，而是将看似不相关的事物相互融合，发挥最大价值，甚至成为经典。例如，古埃及的狮身人面像是"狮身"与"人面"的组合；收录机是收音机与录音机的组合；电吹风熨斗是电吹风与熨斗的组合。

（三）主体附加组合

　　主体附加组合是以某一特定的事物为主体，通过补充、置换或插入新的事物而得到新的有价值的整体。例如，最初的洗衣机只有搓洗功能，之后增加了漂洗和烘干功能；电风扇开始也只有简单的吹风功能，后来逐渐增加了摇头、定时、变换风量等功能；手机一开始叫大哥大，只有通话的功能，现在附加了短信、上网、拍照等多种功能。

扫一扫

主体附加组合

　　主体附加组合有时非常简单，人们只要稍加动脑和动手就能实现。只要附加物选择得当，就可以产生巨大的效益。例如，在文化衫上印上旅游景点的标志和名字，就变成了具有纪念意义的旅游商品；同样，一本著作有了作者的亲笔签名，其意义就会大不相同。

 创新故事

　　杯子是日常生活用品，其基本用途就是盛水。那么，能用杯子进行创新吗？一位工程师就用主体附加组合方式发明了磁化杯。他在杯底及杯盖上各加一块磁铁，当旋转杯盖时，两块磁铁产生相对运动，使磁场发生变化。经磁化处理过的水，其溶解氧和其他物质的性能均有所提高。这种微小的物理变化使得水的浸润性和渗透性增强。饮用磁化水有利于体内各系统代谢废物的溶解和排出，促进人体新陈代谢，从而具有保健功能。

磁化杯的发明人在申请专利后，利用 1 万元货款，在 10 平方米的"厂房"内办起了磁化器厂。之后，工厂迅速发展，最终成为全国闻名的企业。

创新训练

训练目标：学会运用主体附加组合进行创新。

训练时间：15 分钟。

训练步骤：

步骤一，老师给出梳子、水杯、桌子、手机、黑板等物品。

步骤二，老师要求同学在保留这些物品主体功能不变的情况下，加上其他附加物，以扩大其功能，并把结果制成表格，填写自己的创新设想。

步骤三，老师组织学生汇报组合成果。

步骤四，老师再选取 5 种物品，写在黑板上，再次进行练习，组织学生汇报结果。

步骤五，活动目标基本达成后，评选"最佳组合方案"5 项进行奖励。

训练提示：老师可以从以下三个方面引导学生进行主体附加组合创新。第一，老师可以引导学生全面分析主体的缺点，引导学生思考：能否在不改变或略微改变主体的前提下，通过增加附属物克服或弥补主体的缺点。第二，老师可以引导学生对主体提出种种新功能的设想，引导学生思考：能否通过增加附属物，来实现新设想。第三，可以引导学生分析：能否利用或借助主体的某种功能，附加一种别的东西使其发挥更大的作用等。

（四）重组组合

任何事物都可以看作是由若干要素构成的整体。各组成要素之间的有序结合是确保事物整体功能和性能实现的必要条件。如果有目的地改变事物内部结构要素的次序，并按照新的方式进行重新组合，以促使事物的功能和性能发生变革，这就是重组组合。重组组合能引起事物属性的变化。重组组合作为一种创新手段，可以有效地挖掘和发挥现有事物的潜力，也可以引发质变。

重组组合

创新故事

自从螺旋桨飞机发明以来，螺旋桨都是被设计在机首。飞机两翼从机身伸出，尾部安装稳定翼。美国著名飞机设计专家卡里格·卡图按照空气的浮力和气流推动原理，将螺旋桨放在了机尾，把稳定翼放在了机头，从而设计出了世界上第一架头尾倒置的飞机。重组后的飞机有尖端悬浮系统、更趋合理化的流线型机体外形。这不仅提高了飞行速度，而且排除了失速和旋冲的可能性，提高了安全性。

（五）综合

综合是指对大量先进事物、思想、观念等融合并用，从而形成新的、有价值的整体。综合是各类组合的集大成者，是一种更高层次的组合，具有系统性、完整性、全面性和严密性。

牛顿说："我是站在巨人的肩膀上。"这是因为牛顿三大定律是综合了天文学家开普勒的天体力学和物理学家伽利略的力学知识而提出来的。综合不是杂乱无章的"大拼盘"，而是有机的完美结合。综合的应用案例在生活中有很多。例如，在管理领域，企业综合采用项目管理、ERP、CRM、ISO 国际质量标准等管理方法对资金、物流、人力资源等进行有效管理，从而创造出有自己特色的管理方法和模式，如 ABC 管理模式和海尔管理模式。在艺术领域，陈钢、何占豪将传统越剧优美的旋律与交响乐浑厚的表现方式完美结合，奏出了轰动世界的《梁祝》；徐悲鸿、蒋兆和将中西画功底与表现技巧巧妙结合，丹青泼墨，创作出经典画作。在文学创作中，作者综合一些人的特点，然后集中到一个人的身上，便能创造出典型人物，使之形象鲜明，血肉丰满。

现代科学技术突飞猛进，边缘学科不断兴起，各种科学技术你中有我，我中有你，呈现出综合化的趋势。这种综合化的趋势使人们认识到：只有综合，才有可能取得重大的、突破性的成功。

创新故事

日本人特别重视综合，为此提出了"综合就是创造"的口号。我们中国的豆腐被日本人引进之后，通过综合，不但创新出了许许多多的新品种，而且营养价值更高、味道也更好。日本人从欧美引进的机械，通过综合便能把生产率提高到惊人的程度。

所以，在国际市场上，模仿欧美产品的日本产品，比欧美产品本身享有更高的声誉。松下幸之助说："我的电视机拆开之后，没有一件是我自己发明的，但生产出来的'松下电视'却是全世界没有的。"日本在战后短短的时间里，之所以能在经济上崛起，在技术上取得优势，综合创新是一条重要的成功经验。

创新训练

1. 有一位老者在某厂门口摆摊卖香烟。一天，他突然在摊位上挂了个打气筒，并挂出"免费为自行车打气"的招牌。你知道老者为什么要这样做吗？

2. 一次老舍家里来了许多青年人，请教他怎样写诗。老舍说："我不会写诗，只是瞎凑而已。"有人提议，请老舍当场"瞎凑"一首。"大雨冼星海，长虹万籁天；冰莹成舍我，碧野林风眠。"老舍随口吟出了这首别致的五言绝句。寥寥 20 字把 8 位人们熟悉的文艺家

的名字"瞎凑"在了一起，形象鲜明，意境开阔。青年们听了，无不赞叹叫绝。试分析老舍这首诗中运用的创新思维。

 # 第三讲 问出好创意

思维是从疑问和惊奇开始的。

——亚里士多德

如果你从肯定开始，必将以问题告终，如果从问题开始，则将以肯定结束。

——培根

"妈妈，我是从哪里来的？"

"你是妈妈生出来的。"

"那妈妈是哪里来的？"

"妈妈是妈妈的妈妈生出来的。"

"那妈妈的妈妈是哪里来的？"

"是妈妈的外婆生出来的。按照达尔文的进化论，最早的人类是从古类人猿进化而来的。然后，每个人都是妈妈生出来的。"

小时候，我们都向父母问过这样的问题，而且往往对妈妈的回答不满意，总是一直"为什么"地问下去。事实上，这种追问是每个孩子的天性，也是追踪思维的原型。

在这里，给大家介绍两种发问创新的好方法，一种是刨根问底，另一种是找出全部问题。前者的目的在于寻找根源，从根本上解决问题；后者的目的在于找出全部问题，解决全部问题。

一、刨根问底

一般来说，任何事物都有其原因和结果、表象和本质以及相应的发展规律。通过结果，可以探究原因；通过表象，可以发掘本质。只要你善于运用一些不引人注意的线索步步深入地追究下去，按照从已知到未知、从必然到可能的顺序进行思考，最后就容易产生出创造性成果。例如，伦琴发现了 X 射线后，法国科学家贝克勒尔立即由此追踪，提出 X 射线可能伴随磷光现象而存在的问题，最后发现了铀的天然放射性；居里夫人沿着"除了铀的放射性外，是否还存在其类似的放射性元素"这一思路进一步深入追踪，终于发现了钋和镭。

在距离斯德哥尔摩约 60 公里的法龙镇是瑞典历史悠久的一个矿区。它从 13 世纪起就是一座重要的铜矿，同时还有黄铁矿。瑞典的一些重要的硫酸工厂，都从这里获取黄铁矿作为原料。

1817 年，化学家贝采利乌斯曾参加了一家硫酸工厂的经营。这家工厂所用的原料就是来自法龙镇的黄铁矿。工厂的老板发现，利用法龙镇的黄铁矿所制得的硫磺，在制取硫酸的过程中，总会在铅室的底部凝结红色粉末状物质；如果改用别处的硫磺则没有这种现象发生。后来，工厂的老板找来几位化学家一起去研究这一现象。化学家们认为铅室底部沉积的物质中，可能含有砷。工厂的老板害怕砷的灼烧会造成毒害事故，因此就不再使用法龙镇出产的黄铁矿了。

贝采利乌斯以一个化学家所特有的敏感，预见到这里面一定有在科学上值得探究的内容。于是，他放弃了正在写的一册化学教程的工作，立即转入分析这"红色物质"的工作中来。他首先燃烧了 250 千克法龙镇出产的黄铁矿，得到了一定数量的硫磺。然而沉淀出来的红色粉末，却只有 3 克左右。他仔细分析了这 3 克物质，发现其中最主要的成分仍然是硫磺。贝采利乌斯把燃烧后的灰烬收集起来，再将它用试管加热。哎呀！一股腐败蔬菜的臭味直冲鼻子。贝采利乌斯被呛得有点受不了，头也痛起来了。他马上打开了实验室的窗户，苦苦地思索着。在他所熟悉的物质中，哪种元素燃烧后的味道是这样的呢？难道这正是"地球"元素——碲？

贝采利乌斯在激动之余立即挥笔写信给在英国的好友——伦敦的马塞特博士。他告诉对方，被德国化学家克拉普罗兹命名为"地球"的元素碲（希腊文 Tellurium）也在这里发现了。信刚刚寄出去，他却又疑惑起来了：红色粉末燃烧的气味虽与克拉普罗兹实验时发现的气味相同，但并没有分离出碲的单质来，怎么能肯定里面一定有碲呢？于是，他开始深深地责备自己的不慎重。下一步的工作应该是找到碲单质，以便对这种物质有一个较准确的概念。

于是，贝采利乌斯把铅室底部所沉积的红色粉末全部取出来，不厌其烦地进行了反复试验。经过多次认真分析、比较，他断定这发出臭味的果然不是碲，而是一种与碲元素性质相近、介于碲与硫之间的非金属元素。贝采利乌斯马上写了一封信给马塞特博士，在信中他纠正了前次信中的错误，并把自己的新发现告诉给这位英国化学家。

后来，这种元素被贝采利乌斯命名为硒（希腊文 Selene），相当于碲的姐妹元素。如果不是贝采利乌斯严谨的科学态度、一问到底的精神，硒元素的发现或许要推迟好多年。

刨根问底不仅能提高发现和创新能力，还能解决问题。因此有时候，问题比答案更有价值。

日本丰田汽车公司是汽车行业中的佼佼者。该公司生产的汽车在外形、质量和性能等方面都非常不错。在丰田，有一个奇怪的现象，那就是"追问到底"。对公司发生的每一件事情，丰田人都会追问到底，以便找出问题的根本原因。例如，公司的某台机器突然停了，怎么办呢？针对这个问题，他们开始了追问。

问："机器为什么不转了？"

答："因为保险丝断了。"

问："为什么保险丝会断？"

答："因为超负荷而使得电流太大。"

问："为什么会超负荷？"

答："因为轴承干涩不够润滑。"

问："为什么轴承干涩不够润滑？"

答："因为油泵吸不上来润滑油。"

问："为什么油泵吸不上来润滑油？"

答："因为抽油泵产生了严重磨损。"

问："为什么抽油泵产生了严重磨损？"

答："因为抽油泵未装过滤器而使铁屑混入。"

追问到这里时，问题的根本原因就找到了。要想使机器正常运转，只要给抽油泵装上过滤器，再换上保险丝就行了。

刨根问底、穷追不舍要求你善于抓住一些容易被人忽视的地方，通过仔细观察与思索，在现有事物的基础上一步一步地连续向前探索，直到解决问题。在解决问题的同时，自然也会有新的体会和新的发现，而发明创造就隐藏在问题的追踪过程中。

二、罗列所有问题

罗列所有问题，具体来说，就是把一具体事物的特定对象（如特点、优缺点等）一一列举出来，对其本质进行分析，最后针对列举出的项目一一提出改进的方法。这种有意识地把问题的本质属性一一列举出来的方法，可以使人们摆脱惰性思维，突破事物的旧框架，提出改进管理、产品、流程、营销的新点子，通常情况下还会使人产生新奇的设想。

创新故事

6岁的百万富翁

在美国，竟有一个6岁的小女孩成了百万富翁；她已作为最年轻的百万富翁和最年轻的商人被载入了《吉尼斯世界大全》。

这个小女孩名叫玛丽亚。玛丽亚出生在萨尔瓦多一个贫穷的印第安人家庭。6岁时，有一天她随父亲到著名玩具商唐纳德·斯帕克特的家里擦洗玻璃窗，正好碰见了手里拿着玩具的斯帕克特。斯帕克特问她："你喜欢这些玩具吗？"她回答道："你手里的这些玩具我都不喜欢。"然后玛丽亚逐一地数落起这些玩具的缺点来。斯帕克特感到这是一个与众不同的小女孩，于是把她带到屋里，将各种玩具摆在她的面前，征求她的意见。

玛丽亚的意见是那么准确、那么切中要害，斯帕克特十分高兴地聘请她做公司的设计顾问，并签订了一项长期合同。斯帕克特在谈到为什么聘请6岁的玛丽亚做公司的顾问时说了这么一番话："所有的玩具设计师都早已成为成年人，眼光陈旧、缺乏激情。"此后，根据小玛丽亚提出的意见改进过的玩具给公司带来了丰厚的利润。

罗列所有问题，可以从不同的角度着手。下面我们就从以下两个角度来具体阐明这一方法的奇妙之处。

（一）从事物缺点的角度把问题一一列举出来

创造学认为，当今世界上的一切都是不完美的，如不顺手、不方便、不省力、不节能、不便宜、寿命短等，这些都可以通过创造使其更完美。只要不断地对现有事物的缺点和不足加以改进，就能推陈出新，创造出许许多多的新产品来。

创新故事

某奶粉厂为增加企业竞争力和扩大生产品种，在内部召开了一次产品的缺点列举会。职工对本厂产品列出了以下主要缺点。

(1) 喝了牛奶，肚子会发胀，不易消化。

(2) 牛奶的营养成分不够全面。

(3) 口味单调。

(4) 热值偏高，喝了容易发胖。

(5) 对婴儿来说，牛奶还不能完全取代母乳。

会后，厂长召集有关专业技术人员及科研单位的专家共同分析原因和探讨克服上述缺点的办法，主要对策如下：

（1）某些人因肠道缺乏一种酶，不易消化牛奶。只要在奶粉中添加少量的乳糖酶，就可以生产出易消化型的奶粉。

（2）增加牛奶的营养成分，适当添加一些动物蛋白或植物蛋白，就可以生产出鸡蛋牛奶、黄豆牛奶等新产品。

（3）如果在奶粉中添加些果汁粉、蔬菜粉、可可粉等味素，就可以改变牛奶的口味。

（4）为解决牛奶热值偏高的问题，可用技术手段生产出脱脂奶粉、低胆固醇奶粉。

（5）由于母乳中的成分较多，还有一些机理尚未揭示，所以用牛奶取代母乳需要有一个较长的过程。

满足市场需求的产品才是好产品。要善于发现并罗列产品在市场中的问题，针对问题，大胆创新，使产品更加适应市场需求。

 创新故事

日本一家生产体育用品的小厂，为了使产品畅销世界各国，厂里的开发人员到市场上去调查。在调查中，他们发现，初学网球者在打球时不是打不到球，就是打一个"触框球"把球碰偏了，十分头疼。很多人都想，如果球拍大一点，兴许就不会出现上述毛病。于是，该公司就专门做了一些比标准球拍（国际网联规定的标准球拍面积是 710 平方厘米）大 30% 的初学者球拍。这种球拍一上市果然大受欢迎。后来他们又了解到初学者打网球时，手腕容易发生一种皮炎，这种病被人们称之为"网球腕"。生病的原因是人在打球时发生了腕震。于是，该公司利用发泡聚氨酯为材料做手柄，终于制成了著名的"减震球拍"，畅销欧美各国。

减震球拍

网球框扩大
30%

发泡聚氨酯
材料手柄

 创新训练

1. 怎样改进蚊香？

在炎热的夏天，讨厌的蚊子总是嗡嗡嗡，扰得人不得安宁。蚊香固然可以驱蚊，但传统蚊香烟气重，很呛人。市场上出售的"电子蚊香"解决了这一问题。电子蚊香是在一块PTC材料制成的加热器上放置一片含有除虫菊脂的药片，药片受热时挥发出清香的气味，以达到驱蚊的效果。但电子蚊香增加了电能的消耗。请你设法改进一下。

2．怎样克服筷子难夹球形物的不足？

筷子是手的延长，经常使用筷子对锻炼小脑有好处。但筷子也有缺点，难夹豆子、花生之类的球形食物。你能否在这个古老的发明上再做出新的改进？

3．我们可以列出自己身边物品的一些缺点，如使用不便、浪费资源、费时费力等，并从中找到理想的创新题目。例如，列举现有雨衣的缺点。

（1）胶布雨衣夏天闷热不透风。

（2）塑料雨衣冬季变硬变脆不透风。

（3）穿雨衣骑自行车上下车不方便。

（4）风雨大时，脸部淋雨使人睁不开眼睛，影响安全。

（5）雨衣下摆贴身，导致流下来的雨水，容易弄湿裤腿与鞋子。

（6）胶布雨衣色彩太单调，无装饰感等。

针对这些缺点，请同学们提出改进方案。另外，请列举出雨衣还有哪些缺点？还可以做哪些改进？

4．请你对自行车进行缺点列举分析，尝试设想克服这些缺点的方法，绘制出草图，如有条件可制作简单的模型来说明你的改进想法。

（二）从你的愿望、期盼出发将问题——列举出来

达·芬奇是15世纪的意大利人。他曾希望人们能利用自己的力量飞上天空。于是，他从愿望出发，设计了一种人力飞机，让人趴在上面，手脚一齐用力，使装有羽毛的飞机两翼像鸟一样，扑动并飞翔起来。尽管他的这个设计没有成功，但他希望用人力实现飞行的愿望经过人类几百年的努力，终于实现了。现在的人力飞机不仅能飞起来，而且能飞过英吉利海峡。

现在，市场上许多新产品都是根据人们的"希望"研制出来的。例如，人们希望水杯

在冬天能保温，在夏天能隔热，于是有了保温杯；人们希望有一种能在暗处书写的笔，于是就发明了内装一节五号电池，既可照明又可书写的"光笔"；人们希望足不出户，就能看世界，于是就有了电视机和网络。只要你有所期盼，就会有所实现。

创新故事

> 日本有个洗衣机厂老板通过座谈会发动家庭主妇对产品提出希望。有位女士说如要单洗一件汗背心或内裤、手帕等"小东西"，放进洗衣机里洗似乎有些资源浪费；最好有一种微型的洗衣机能够专洗这类"小东西"；上午洗、下午就能穿；而且这种洗衣机的体积要小、哪里都能放。于是设计人员根据她的愿望设计了微型洗烘机，专洗内衣、内裤、手帕等小物件。这种微型洗烘机一上市就受到了大家的青睐。

创新训练

1. 设计一种新型的鞋子，你有哪些希望？

贴心小提示：希望可以吃；希望可以说话；希望可以扫地；希望可以指明方向；希望可以自己走等。

2. 设计一种空气净化器，你有哪些希望？

提示：希望体积小、重量轻；希望工作时便于携带、无噪声；希望有专门的清洗通道和易于拆取的专门盛装化学反应残留物的盒子；希望有电源线放置轨道；希望有多种造型；希望能够调节空气的湿度、温度、芳香度等；希望在净化空气的同时还可以驱蚊；希望能够在户外使用。

创新故事

1. 带有双出水口的水龙头

经常有人喜欢把头埋到水龙头下面去喝水刷牙，但操作起来非常不方便，还可能一不小心就被水龙头碰到。有设计师就根据人们的这一愿望设计了一款水既可以向下流、也可以向上流的水龙头。并且只需要按一下水槽边的一个按钮就可以轻松切换水流模式，并且这款水龙头还可以实现温水和热水的调控。

2. 方形漏斗

漏斗下端的横截面的形状通常是圆形的，在倒入液体时流得很慢，还会一直冒气泡。河南洛阳的王岩同学在对这一现象进行观察后领悟到，这是液体的流入和空气的排出在同一通道进出的缘故。由此，他提出了把漏斗下端的横截面改为方形的设计方案。实验结果表明，这种方形漏斗在灌注液体时十分顺畅。因为容器内的空气会从瓶口的空隙间排放出来，不再与液体"撞车"。

 **创新训练**

请选择某个产品或服务，通过列举问题的方法探寻创新的思路。

第四讲　反其道而行

一、三思法

PMI 思考法（或称三思法），是爱德华·波诺（Edward de Bono）提出的一项极有效的思考工具。有意识地运用 PMI 思考法，可以避免我们通过直觉来评价一种观点或建议，可以使我们更全面、更有技巧地考虑问题。PMI 的具体含义如下。

P 代表 Plus，即优点或是有利因素。从 Plus 的角度去发现某种观点或建议的优点或是有利因素。

M 代表 Minus，即缺点或是不利因素。从 Minus 的角度去发现某种观点或建议的缺点或是不利因素。

I 代表 Interest，即兴趣点，可延伸为"机会点"，或者建设性的观点。也就是去发现这种观点或建议让人感兴趣的方面，或者既不是优点也不是缺点的方面。从这个角度看问题，人们会进行联想，或许会看到许多机会。

 **创新故事**

英国的迪博诺先生一次为 30 个孩子讲课。课堂上，他提出一个问题：如果老师每周给你们每人 5 美元，你们觉得怎么样？学生们异口同声地说：这太好了！接下来他给孩子们介绍了 PMI 思考法。然后请孩子们针对课堂上的问题进行讨论，并分别从三个方面进行思考。之后学生们提出了很多想法。

例如，学生从老师那拿到钱，老师的钱会变少，这样不好；学生钱多了大孩子会来抢钱；老师少拿钱后会不会增加学生的作业。讨论结束后有 29 个学生改变了原来的想法，认为加 5 美元的零花钱并不好。

PMI 思考法可以帮助我们拓展自己的思维——既做平行思考，又做逻辑思考，从而使我们走出原有的思维框架，放弃自我中心主义的牵绊，客观公正地看待一个问题。这种思考方法也是一种有效的决策工具。

二、换角度思考

有时我们在考虑问题时不妨换一下角度。采用与常规思路不同的思维方式，去分析同一个问题，或许你会发现解决问题的思路原来可以多种多样。在采用换角度思考的方法去发掘各种新创意的时候，关键是找出与常规思路不同的对应关系。一旦找到这种对应关系，产生想法就是水到渠成的事情。

田忌赛马

齐国的大将田忌很喜欢赛马。有一回他和齐威王约定，进行一次比赛。他们把各自的马分成上、中、下三等。比赛的时候，上等马对上等马，中等马对中等马，下等马对下等马。由于齐威王每个等级的马都比田忌的略胜一筹，三场比下来，田忌都失败了。田忌觉得很扫兴，垂头丧气地准备离开赛马场。

这时，田忌发现，他的好朋友孙膑也在人群里。孙膑招呼田忌过来，拍着他的肩膀，说："从刚才的情形看，齐威王的马比你的马快不了多少呀……"孙膑还没说完，田忌瞪了他一眼，说："想不到你也来挖苦我！"孙膑说："我不是挖苦你，你再同他赛一次，我有办法让你取胜。"田忌疑惑地看着孙膑："你是说另换几匹马？"孙膑摇摇头，说："一匹也不用换。"田忌没有信心地说："那还不是照样输！"孙膑胸有成竹地说："你就照我的主意办吧。"齐威王正在得意洋洋地夸耀自己的马，看见田忌和孙膑过来了，便讥讽田忌："怎么，难道你还不服气？"田忌说："当然不服气，咱们再赛一次！"齐威王轻蔑地说："那就来吧！"一声锣响，赛马又开始了。

孙膑让田忌先用下等马对齐威王的上等马，第一场输了。接着进行第二场比赛。孙膑让田忌拿上等马对齐威王的中等马，胜了第二场。齐威王有点儿心慌了。第三场，田忌拿自己的中等马对齐威王的下等马，又胜了一场。这下，齐威王目瞪口呆了。比赛结果，田忌胜两场输一场，赢了齐威王。还是原来的马，只调换了一下出场顺序，就可以转败为胜。这就是换个角度思考的妙用。

换角度思考会使我们产生与常规思考角度不同的感受，头脑中也会出现更多的问号，例如，胶水是越黏越好吗？产品是越坚固越好吗？服务是越多越好吗？答案一定是多种多样的。有些甚至被人看作是"怪异"的或幽默的想法也往往蕴藏着创新的火种。

一天，犹太富翁哈德走进纽约花旗银行的贷款部。

看到哈德一脸神气，打扮得又很华贵，贷款部的经理不敢怠慢，赶紧招呼：

"这位先生有什么事情需要我帮忙吗？"

"哦，我想借些钱。"

"好啊，你要借多少？"

"1美元。"

"只需要1美元？"

"不错，只借1美元，可以吗？"

"当然可以，像您这样的绅士，只要有担保多借点也可以。"

"那这些担保可以吗？"

哈德说着，从豪华的皮包里取出一大堆珠宝堆在写字台上。

"喏，这是价值50万美元的珠宝，够吗？"

"当然，当然！不过，你只要借1美元？"

"是的。"哈德接过了1美元，就准备离开银行。

在旁边观看的分行行长此时有点傻了。他怎么也弄不明白这个犹太人为何抵押50万美元就借1美元。于是，他急忙追上前去，对哈德说："这位先生，请等一下，您有价值50万美元的珠宝，为什么只借1美元呢？假如您想借30万、40万美元的话，我们也会考虑的。"

"啊，是这样的：我来贵行之前，问过好几家金库，他们保险箱的租金都很昂贵。而您这里的租金很便宜，一年才花1美元。"

三、倒过来思考

逆向思维

时钟可以倒转吗？大多数人肯定回答"不可以"。为什么会是这样的结果，因为"倒行逆施"往往被人们认为是一种反动力。其实当你试着倒立着去观察世界的时候，一定会有一种完全不同于往常的新鲜感受。如果人们能够有意识地将遇到的问题反过来思考，就会得到很多全新的认识。例如，看电影时，人的位置是固定的，影片以24帧/秒的速率移动。反过来，影片不动，人在位置上旋转，是不是也可以看电影？在铸造企业中，当铸造较长的工件时，铁水在模型中的狭长模子中流动，由于流程较长，铁水逐渐冷却、凝固，会造成铸件内气隙增多，铸件的质量就难以

保证，会出现大量废品。运用逆向思维，把铁水流动改为模具移动。这样就保证了铁水能够均匀冷却，从而使铸件的质量得到保证。

事物的发展变化有一定的因果联系，既可以由因及果，也可以由果及因。逆向思维要从结果入手，反向思考，步步深入，直到得出正确答案。综观历史，许多成功人士的不朽功绩，大多运用过一定的逆向思维。例如，打仗本来要具备良好的交通工具和后勤供应，而项羽却采取了逆向思维——"破釜沉舟"，终成一霸。韩信"背水列阵"，一反作战常规，自己断掉自己的退路，士气大振，大获全胜。孔明巧设"空城计"，一反"兵来将挡，水来土掩"的常规，以空城对敌而获胜。

 **创新故事**

不怕跌倒

有一名滚轴溜冰教练，被他训练过的孩子们掌握滚轴溜冰技术非常快。人们观察发现，他会先教孩子们穿戴好防护用品，然后开始训练。"1、2、3跌倒"，"1、2、3跌倒"……孩子们在学会跌倒的同时认识到跌倒并不可怕，这样就消除了害怕跌倒的心理障碍，从而比那些小心翼翼生怕跌倒的孩子掌握平衡要快得多。

（一）反转型逆向思维

反转型逆向思维是指从已知事物的相反方向进行思考，即从事物的功能、结构、因果、状态关系等方面思考。例如，过去用锯和刨来加工木头时，都是木头不动而锯子和刨子动，自从人们发明了固定的电锯机和电刨机，就改成了木头动而机器不动。同样，"电梯"的发明也是这样，原来是人动"梯"不动，现在是"梯"动人不动。

 创新故事

反着看的挂钟

曾经有一个瑞典的记者，在欣赏一场文艺演出之前来到化妆室门前，他看到上场前的演员都在化妆镜前忙碌着。不一会儿，他发现了一个特殊的现象：演员们经常一边化妆一边回头看看。等演员上台后，他也到化妆镜前回头看看，结果发现演员回头是为了看后面的挂钟，因为从镜子里看挂钟左右是颠倒的，不易看清。由此他设计发明了一种可以倒转的挂钟，供那些通过镜子看挂钟的人使用。依照同理，电视也可以做成反画面的。

（二）缺点逆用思维

缺点逆用思维是指利用事物的缺点，甚至扩大事物的缺点，将缺点转变为可利用的东

西，化被动为主动，化不利为有利的思维方法。

创新故事

　　某时装店的经理不小心将一条高档呢裙烧了一个洞，其身价一落千丈。如果用织补法补救，也只是蒙混过关，欺骗顾客。这位经理突发奇想，干脆在小洞的周围又挖了许多小洞，并精于修饰，将其命名为"凤尾裙"。一下子，"凤尾裙"销路大开，该时装商店也出了名。

创新训练

　　1. 读故事，回答问题。

　　一位老猎人在盘子上放了四个大苹果，让三个儿子想办法用最少的箭射掉全部苹果。大儿子比画了一下，说："我要用三支箭。"二儿子一听，急忙说："那我只用两支箭就可以。"小儿子先想了一下，然后说："我觉得一支就足够了。"

　　老猎人听了很高兴，夸奖小儿子聪明，让大儿子和二儿子向小儿子学习，不仅要有技术，还要善于开动脑筋。大儿子与二儿子听了不服气，认为小儿子在说大话。于是小儿子一箭射出，四个苹果全都落地。你知道他是怎样射落苹果的吗？

　　2. 一辆卡车装了满满一车货物要从一座桥下通过，但是，却因货物高出能通过的高度一厘米而无法通过。司机下车仔细观察，也想不出办法。他正要转身绕道而走的时候，一个小孩对他说了一句话。司机觉得有道理，结果听从小孩的话，顺利通过了桥洞。你知道小孩说的是什么话吗？

　　3. 有一家人决定搬进城里，于是去找房子。一家三口包括夫妻两个人和一个5岁的孩子。他们跑了一天，直到傍晚，才好不容易看到一张出租公寓的广告。

　　他们赶紧跑去，发现房子出乎意料的好。于是，就前去敲门询问。这时，温和的房东出来，对这三位客人从上到下地打量了一番。

　　丈夫鼓起勇气问道："这房屋出租吗？"

　　房东遗憾地说："啊，实在对不起，我们公寓不租给有孩子的住户。"

　　丈夫和妻子听了，一时不知如何是好，于是，他们默默地走开了。

　　那5岁的孩子，把事情从头至尾都看在了眼里。那可爱的心灵在想：真的就没有办法了吗？他那小手又去敲房东的大门。

　　这时，丈夫和妻子已走出5米来远，都回头望着。

　　门开了，房东又出来了。这孩子精神抖擞地说了一句话。

　　房东听了之后，高声笑了起来，决定把房子租给他们住。

　　你知道这个孩子说的是什么吗？

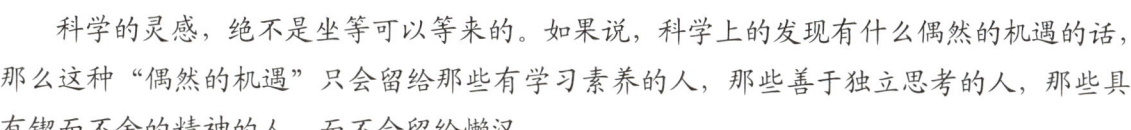

第五讲 神奇的移植

科学的灵感,绝不是坐等可以等来的。如果说,科学上的发现有什么偶然的机遇的话,那么这种"偶然的机遇"只会留给那些有学习素养的人,那些善于独立思考的人,那些具有锲而不舍的精神的人,而不会留给懒汉。

——华罗庚

一、移植是什么

移植是将某个学科、领域中的原理、技术、方法等,应用或渗透到其他学科、领域中,为解决某一问题提供启迪、帮助的创新思维方法。

根据统计发现,任何一项创新成果中,90%的内容均可通过各种途径从前人或他人已有的科技成果中获取,而独创性发明只占 10%。由此可见:创新既可以纵向继承前人的智慧结晶,也可以横向借鉴他人的思维成果,从而缩短自己的创新周期,提高成功率。移植法作为一种横

扫一扫

移植法

向的思维方法,一般是指把成熟的成果转移、应用到新的领域,用来解决新的问题。因此,它是现有成果在新情境下的延伸、拓展和再创造。

创新故事

1. "锦绣中华"主题公园

香港中旅集团有限公司的总经理马志民赴欧洲考察时,参观了融入荷兰全国景点的"小人国"。回来后,他就把荷兰"小人国"的微缩处理方法移植到深圳,融合中国的自然风光和人文景观,集千种风物、万般锦绣于一园,建成了中国最早的文化主题公园"锦绣中华"。公园自开业以来游人如织,十分红火。

2．手术拉链

缝衣服的线再平常不过了，可是将它移植到手术中，就出现了专用的手术线；后人又在此基础之上，将用在衣服鞋帽上的拉链移植到手术中，来取代用线缝合的传统技术，从而发明了手术拉链。结果，"手术拉链"比针线缝合快 10 倍，且在伤口愈合之后不需要拆线，也不会留下明显的疤痕，大大减轻了病人的痛苦。

3．普通材料的特殊应用

日本建筑师坂茂用纸造房屋作为临时避难所，经济高效；科学家采用塑料和玻璃纤维取代钢来制造坦克的外壳，不但减轻了坦克的重量，而且能够避开雷达的搜索。

 讨论与分享

请从以下图片中获得灵感，思考宠物服装的设计思路？

创新者在进行创新性思考时不要局限于单一的科学技术领域，而应解放思想、广泛地移植各个领域的科学技术。有人把这种移植创新法称为科学技术交叉。今天，这种互相交叉和渗透的趋势越来越明显。它意味着广泛地移植甚至大交叉将是创新性思考的必然趋势。移植创新法造就了大批"外行"发明家：液压变矩器和液压联轴节是船舶电气工程师发明的；汽油防爆添加剂四乙基铅是机械工程师发明的；现代复印技术是由一位专利律师发明的。

创新故事

爱迪生 11 岁那年，妈妈突然生病了，医生说需要立即做手术。但是当时爱迪生的家里很穷，妈妈住不起医院。于是他们请求医生在家里给妈妈做手术。当时天色已晚，爱

迪生的家里只有煤油灯，光线太暗，医生为难地说："光线太暗无法进行手术啊。"

这时，妈妈痛得在床上打起滚来，爸爸和医生也想不出更好的办法来。这时，爱迪生看着窗户外的月光，突然想起白天和小朋友一起玩的阳光反射游戏。他兴奋地说："爸爸，我有办法了！"

他让爸爸把大衣柜上的镜子拆下来，又到邻居家借了好几块大镜子和煤油灯。他把镜子和煤油灯都放在床的周围，挨个调整角度，使镜子里反射出来的光聚合在一起。这时，床上顿时明亮起来了。

在爱迪生的帮助下，医生的手术进行得十分成功，爱迪生的妈妈得救了！

爱迪生的这种思维方法其实就是移植。他把太阳光的反射原理移植到了灯光的反射中，从而用"微弱"的灯光照亮了医生的手术台。

二、常见的移植思路

从思维方法的角度看，移植是通过联想、类比、综合等，力求从似乎毫不相关的事物和现象之间发现联系。所以，移植的关键就是要发现不同问题之间类似的地方。如果你想采用移植进行创新，可以从以下几个方面进行尝试。

（一）原理移植

原理移植是指将某种科学技术原理向新的领域推广，以创造新的技术产品。科学技术原理往往都具有广泛的适用性，只要移植得合理，就可能创造出新的产品。

在医学史上，有个著名的通过原理移植获得成功的例子。奥地利医生奥恩布鲁格的父亲是个酒商。奥恩布鲁格经常看见父亲用手指上下叩击酒桶的木盖，然后从木制酒桶发出的声音判断酒桶内是否有酒，有多少酒。有一次，奥恩布鲁格给一个病人看病，但直到这个病人去世，也没有诊断出病人到底患了什么病。后来，经过对死者尸体的解剖，他才发现病人的胸腔已化脓，并且积满了水。在这种情况下，奥恩布鲁格经过思索与研究，就把父亲用手指叩击木桶盖听声音来判断桶内酒量多少的方法移植到医学上来，经过临床的观察、试验，终于发明了叩诊法。

（二）方法移植

方法移植是指把某一领域的技术方法有意识地移植到另一领域而形成创新的方法。

方法移植的例子比比皆是。例如，在技术革新和发明创造中，人们把冶金、化工中的冷却技术，直接移植到发电机和可控硅技术领域中去，从而发明了双水内冷发电机和水冷可控硅新技术；建筑师们把爆破技术引进到建筑领域，从而发明了定向爆破技术；泌尿科医生把微爆破技术引进到医疗临床技术中，从而发明了清除肾结石的爆破医疗技术等。

（三）功能移植

功能移植是指把某种事物的功能移植到另一领域而形成新功能的方法。

功能移植的例子很多。例如，超导技术具有提高磁场强度、加大电流、无热耗的独特功能，因而可以移植到许多领域：移植到计算机领域可以研制成超导计算机，移植到交通领域可以研制出磁悬浮列车，移植到航海领域可制成超导轮船，移植到医疗领域可制成核磁共振扫描仪等。另外，人们在开始研究潜艇速度时，发现潜艇速度总不能大幅度提高，由此人们想到了游泳速度极快的海豚。经研究发现，海豚游速极快的关键原因之一在于海豚皮肤的特殊结构。于是人们发明创造了类似海豚皮的潜艇蒙皮，很快便提高了潜艇的速度。还有，日本一家公司将妇女烫发用的电吹风技术，经过改造设计，用以烘干被褥，结果发明了一种被褥烘干机。

移植思考有点类似于模仿思考和类比思考，都是借鉴其他事物的一种思考方法，如果你能巧妙运用，将会取得重要的成果和意外的收获。

 创新训练

请选择你周围熟悉的事物运用移植创新的方法进行创新。

第六讲　在类比中寻找创意

根据两个或两类对象在某些方面相同或相似，从而推出它们在其他方面也可能相同或相似的思维形式和逻辑方法，在创新理论中称作类比创新法。当我们迷茫不前时，不妨停下来，多花一些时间看一看，想一想，对某些事物进行类比，或许我们就会找到创新的灵感。

 创新故事

1. 蛙声与歌声

美国一位当红人气天后在一个春天的晚上走在美国乡村的田野里，忽然听到成千上万的青蛙不停地发出"呱呱"的声音。听到声音的她十分厌恶地离开了。当她回到录音棚准备录歌时，那些蛙叫声又开始回荡在耳边，敢于创新的她决定将蛙叫声用在新歌上，于是诞生了一首非常有名的歌曲。

2. 跷跷板与听诊器

法国医生雷内克很想发明一种能够诊断胸腔健康状况的听诊设备。一天，他到公园散步，看到两个小孩在玩跷跷板。其中一个小孩在一头轻轻地敲跷跷板，另一个小孩在另一头贴耳听。虽然敲击的小孩用力很轻，可是另一头的小孩却听得极清晰。雷内克医

生把他想要创造的听诊器与这一现象进行类比，终于获得了听诊器的设计方案。于是，听诊器就这样诞生了。

根据类比的对象、方式等，类比大致可以分为以下几种类型：直接类比、拟人类比、象征类比、幻想类比、因果类比、对称类比、仿生类比、综合类比等。下面我们就从这些经典类比中来感受一下类比创新的神奇魔力吧！

类比法的分类

一、直接类比

直接类比就是从自然界或者人类的成果中直接寻找出与创意对象相类似的东西或事物，进行类比创意。直接类比的例子，古今中外比比皆是。

我国战国时期墨子制造的"竹鹊"、三国时期诸葛亮设计的"木牛流马"、唐代韩志和创造的飞行器都是运用直接类比的原理发明的。鲁班发明锯子也是从与带齿的草叶和长有齿的蝗虫板牙的直接类比中实现的。

盾构施工法

英国工程师布律内尔为解决水下施工的问题而大伤脑筋。一天，他观察到船蛆在船的木头中钻洞时，一边钻洞，一边从体内排出一种黏液来加固洞穴。于是，布律内尔受到启发，想出了用空心钢柱打入河底的"盾构施工法"。1825—1843 年间，他用经过改良的盾构建成了长 460 米的伦敦泰晤士河底隧道，轰动一时。布律内尔的盾构掘进是隧道施工的一大技术突破，其原理为设计现代盾构奠定了基础。

二、拟人类比

拟人类比在我国的典籍中屡见不鲜。例如，《易经》的"天行健君子以自强不息"，意为天（即自然）的运动刚强劲健，相应地，君子也应像天一样，追求进步，刚毅坚卓，发愤图强，永不停息。这就是将自然进行了拟人类比。

文学艺术中的拟人类比更是随处可见。例如，把祖国比作母亲，把春天比作春姑娘。在美学上，拟人是认同作用，在心理学中，拟人就是移情。在科学上，拟人类比的例子也是不胜枚举。例如，化学家法拉第把自己看作电解质，从而发现了电解定律；凯库勒梦见一条蛇咬住自己的尾巴，从而提出了苯分子的环状结构模型。

设计领域也经常应用拟人类比。例如，著名的薄壳建筑罗马体育馆的设计，就是一个优秀例证。设计师将体育馆的屋顶与人脑头盖骨的结构、性能进行了类比：人的头盖骨由数块骨片组成，形薄、体轻，但却极为坚固。那么，体育馆的屋顶是否可以做成头盖骨状的呢？经过探索和实践，这种创意获得了巨大成功，于是薄壳建筑风行起来。

罗马斗兽场

北京天文馆

悉尼歌剧院

意大利佛罗伦萨教堂

三、象征类比

象征类比是一种借助事物形象或象征符号，表示某种抽象概念或情感的类比，有时也称符号类比。这种类比可使抽象问题形象化、立体化，为创意问题的解决开辟途径。象征类比的例子，古今中外比比皆是。

唐代大画家吴道子的得意之作——《佛香图》就得益于象征类比。《佛香图》线条流畅、气象万千，就是他通过观察裴旻将军行似游龙的剑舞而画出的；唐书法家张旭从公孙大娘健美的舞姿中深受启发，使其草书达到了"龙飞凤舞"的境界；王羲之从"白毛浮绿水"的白鹅戏水中找到了"红掌拨清波"的优美姿势与自己运笔姿势的关系，经过象征类比，创造出了新的书法技巧。

大画家米开朗基罗受命罗马教皇以圣经故事绘制教堂壁画。他为了用奇伟壮观的布局显示上帝创世时的景象而苦思冥想，废寝忘食，却依然没有进展，只好暂时放下工作，到深山旷野放松一下。一日清晨，暴风雨过后，云开雾散，旭日东升。他见到了两朵白云，状如勇士，从两边奔向初升的太阳。米开朗基罗顿时大悟，立即跑回去，把所见到的景观作为创世纪的布局，终成杰作。马克思把"暴力"比作"孕育着新社会的旧社会的产婆"，毕加索用"鸽子"象征和平。所有这些都是用形象和符号间接反映事物的本质。

毕加索的和平鸽

四、幻想类比

幻想类比是在创新过程中运用超现实的理想、梦幻或完美的事物来类比创意对象的思维方法。哈佛大学的戈登就该类比方法指出："当问题在头脑中出现时，有效的做法是想象最好的可能事物，即一个有帮助的世界，让最能满意的可能见解来引导最漂亮的可能解法。"

古代的神话、传说、童话，多是在不能解决问题时产生的幻想。在科技迅猛发展的时代，古人的那些幻想已成为现实。

 树德创新

科技让幻想成为现实

盘古开天、女娲补天、伏羲画卦、嫦娥奔月、夸父追日、精卫填海……这些神话是中华民族远古历史的回音。它真实地记录了中华民族在远古时期瑰丽的幻想、顽强的抗争及步履蹒跚的足印。

今天，这些神话梦想随着中国科技的发展正在渐次成真。2020年12月，"嫦娥五号"探测器实现了月面自动采样并返回地球。至此，中国探月工程"绕、落、回"三步走圆满收官。2021年8月至10月，"探索一号"科考船完成了第21个科考航次的首个航段，其搭载的"奋斗者"号再次在万米深海征途上留下足迹。"效法羲和驭天马，志在长空牧群星。"2021年10月，以"羲和"命名的我国首颗太阳探测科学技术试验卫星成功发射，标志着我国正式步入"探日"时代。2021年11月，"天问一号"环绕器成功实施第五次近火制动，准确进入遥感使命轨道，开展火星全球遥感探测……

【点拨】科学的生命在于创新，而想象和幻想则是通向未来和开拓未来的桥梁。有幻想才能打破传统的束缚，才能推陈出新，才能发展科学。让我们通过幻想与想象，开阔思路、诱导探索、寻找创意，跟随祖国强大的科技力量一同前进。

众所周知，科幻小说之父凡尔纳有着非凡的想象力，是个幻想类比的大师。100多年前还没有收音机，其小说中的人物却看上了电视；在莱特兄弟进行首次飞机试飞前55年，凡尔纳塑造的人物已乘上直升机翱翔蓝天了；凡尔纳的小说中还有霓虹灯、可移动的人行道、空调机、摩天大楼、坦克、电子操纵潜艇、导弹等，这些东西在20世纪都已成为现实。但凡尔纳在1个多世纪前就将这些从其笔端一一道出，多么令人难以置信。凡尔纳说过："只要前人能做出科学的幻想，后人就能将它变成现实。"

未来都市

人们普遍认为艺术家利用幻想类比较容易，而科技工作者则较困难，因为后者常受已知世界秩序和形式逻辑的束缚，易屈服于传统的思维习惯。但是戈登认为科技工作者"应当而且必须给予自己和艺术家同样的自由。科学家们必须恰当地想象关于问题的最好解法（幻想），而暂时忽视领域的限制和确定的定律。只有以这种方式他才能够构造出理想的图像"。

爱因斯坦年轻时构思相对论问题时曾幻想：如果以光速追随一条光线运动，会发生什么呢？这条光线就会像一个在空间中振荡着而停滞不前的电磁场。正是由于这种幻想类比，爱因斯坦打开了相对论的大门。科学中的很多实验都包含着幻想类比的因素，甚至，古今中外先进思想家关于人类社会种种"理想模式"的构想，也包含着许多幻想类比因素。

五、因果类比

因果类比是指两种事物内部的各个事物之间存在着同一种因果关系时，可根据一种事物的因果关系，推测出另一种事物的因果关系。例如，在合成树脂中加入发泡剂，可得到质轻、隔热和隔音性能良好的泡沫塑料。于是就有人利用这种因果关系，在水泥中加入一种发泡剂，结果发明了质轻、隔热且隔音的气泡混凝土。

创新故事

美国麻省理工学院的谢皮罗教授发现，放洗澡水时，水流出浴池时总是形成逆时针方向的漩涡。这是什么原因呢？专家告诉他，水流的旋向与地球自转有关，由于地球自西向东不停地旋转，所以北半球的洗澡水总是顺着逆时针的方向流出浴池。在明白了水流旋向的道理后，谢皮罗教授想到了台风的旋向问题，并进行了因果推理。他认为北半球的台风同样是逆时针方向旋转的。他还断言，如果在南半球，情况则恰恰相反。谢皮罗有关台风旋向的科研论文发表后，引起世界各国科学家的极大兴趣。他们纷纷进行观察和实验，其结果与谢皮罗的论断完全相符。

六、对称类比

对称类比是指自然界和人造物中有许多事物或东西都有对称的特点。由此，可以通过对称类比进行创新。例如，物理学家狄拉克从描述自由电子运动的方程中，得出正负对称的两个能量解。一个能量解对应着电子，那么另一个能量解对应着的是什么呢？人们都知道电荷正负的对称性，狄拉克从对称类比中，提出了存在正电子的对称解，并最终被实践证实。

七、仿生类比

仿生类比是指人在进行创意、创造的活动中将生物的某些特性运用到创意、创造上。例如，人们发现鸟类可以展翅飞翔，于是采用仿生类比制造出了具有机翼的飞机；同样，人们发现鸟类不需要跑道，可以直接腾空起飞，于是就又发明了直升机；人们发现蜻蜓的翅膀能承受超过其自重好多倍的重量，就采用仿生类比，制出了超轻的高强度材料，用于航空、航海、车辆及房屋建筑。

八、综合类比

综合类比是指事物之间的关系虽然很复杂，但可以综合它们相似的特征进行类比。例如，设计一架飞机时，先做一个模型放在风洞中进行模拟飞行试验，就是综合了飞机飞行中的许多特征进行类比；各领域的模拟试验，如船舶模拟试验、大型机械设备的模拟试验等，都是综合类比。

现在盛行的各种考试前的模拟考试也是这样，先出一张试卷，其中综合了将来正式考试中可能会出现的题型、考点、题量和难度，以测试考生可能出现的竞技心态，使考生对正式考试的情境有所了解，并能对自己准备的程度做出评价，然后有针对性地做好进一步应考的准备。

综上所述可知，直接类比是基础，是生活中最常见的类比。在这一基础上，向仿生、拟人、象征的方向发展，就是仿生类比、拟人类比、象征类比；向对称、因果、综合的方向发展，就是对称类比、因果类比、综合类比；最后，向理想、幻想、完善的方向发展，就是幻想类比。这几种类比各有特点和侧重，在创意、创造活动中常常相互依存、补充、渗透和转化。

 创新活动营

创新设计竞赛

活动描述：全班学生分组，以"创新有法"为主题，进行创新设计竞赛。

活动目标：将创新方法落实到实践中。

活动步骤：

1. 将学生分为 8 组，每组选出 1 名小组长，每个小组起一个名字。

2. 各小组根据对本专题所学到的创新方法的理解，进行创新设计，形式不限，可以是实物展示、可以是视频录制、可以是情景演绎。

3. 小组成员内部自行讨论，力求用最佳的创意设计出最优秀的作品。

4. 各小组在课堂上进行创意展示，并投票选出最佳创意奖。

树德创新

方法的重要性

"工欲善其事，必先利其器。"方法对一件事情的完成或一个人的成功是相当重要的。正确的方法是成功的要素之一，如果只有刻苦努力的精神和脚踏实地的作风，而没有正确的方法，是很难取得成功的。

所以我们无论是在平时的学习中，还是在运用创新思维解决问题的过程中，都应该关注方法，善于用合适的方法提高效率、解决问题。

【点拨】事实上，我们遇到的问题可能有多种解决方法，而最终选用哪种方法，则要看具体的情况。所以，在解决问题时，我们需要具体问题具体分析，不拘泥于问题本身，找到解决问题的最佳方法。只有这样，才能在工作和学习中取得事半功倍的效果。

专 题 四

走进创新思维训练营

内容提要

爱因斯坦曾经说过："想别人不敢想的，你已经成功了一半；做别人不敢做的，你就会成功另一半。"创新离不开思路和方法，好的思路和方法是引领我们通往创新目的地的捷径，但创新更离不开富有创新意识的大脑，因为大脑才是真正开启创新思维和创新方法的司令部。智力可以开发，思维意识可以强化，走进创新思维训练营，让我们掀起一场头脑风暴吧！

第一讲　发散思维训练

一、认识发散思维

发散思维又称辐射思维、放射思维、扩散思维或求异思维，是指大脑在思考时呈现的一种扩散状态的思维模式。它是通过对已知信息进行多方向、多维度、多渠道的思考，从而发现新事物、新问题、新知识、新结论等的思维方式。发散思维表现为思维视野广阔，思维呈现出多维发散状，就像四通八达的道路一样。生活中的"一题多解""一因多果""一物多用"等现象都是发散思维的成果。

发散思维的基本模式是给出一个问题，在一定的时间内，以该问题为中心，向四面八方做辐射状的积极思考，无任何限制地探寻各种各样的答案。

创新故事

> 一只杯子掉下来摔碎了。这可能是一个什么问题呢？
>
> （1）物理问题。这是自由落体运动，杯子距离地面多高才能摔碎呢？
>
> （2）化学问题。杯子里装着酒精，掉进了火堆里，会怎样？
>
> （3）经济问题。杯子是刚买的，摔碎了还要再买一个，杯子的成本变成了多少？
>
> （4）语文问题。用破碎的杯子写个比喻句。例如，我太难过了，我的心就如同这只碎了的杯子一样……
>
> （5）心理问题。那一声破碎的声音吓到了一个女孩。于是她花了一下午的时间去查询"为什么噪声会让人紧张？"
>
> （6）时间问题。杯子摔碎了，还要再花时间买一个新的，直接增加了时间成本。
>
> （7）历史问题。那是乾隆用过的杯子，它承载过一段历史，摔碎了，一段历史就这样消失了。

二、发散思维的特征

发散思维具有流畅性、变通性和独特性。

（一）流畅性

发散思维的目的是不拘一格地打开思路。发散思维的流畅性是指思维连续不断、不受阻碍地自由发散，并可在尽可能短的时间内生成并表达出尽可能多的观念和思想。流畅性是发散思维自身具有的特征，是发散思维得以进行的前提和保证。但发散思维不是胡乱地联系和猜想，而是基于事物自身规律的延伸和拓展。

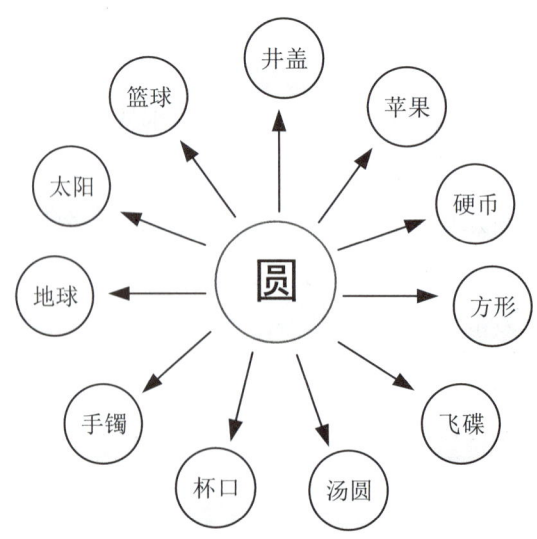

由圆引发的发散思维

（二）变通性

发散思维的变通性是指思维的灵活变通，即打破人们头脑中某种预设的、僵化的思维框架，从不同的角度、崭新的方向来思考问题。

创新故事

问题（1）："有了钱可以干什么？"

儿童 A 答"买可乐""买玩具车"，儿童 B 答"买巧克力""买书""买游戏机""买电影票""存银行"和"给妈妈买生日蛋糕"。

问题（2）："面粉有什么用处？"

儿童 A 答"可以做面包、饺子、蛋糕"等 10 种答案，儿童 B 答"做馒头、捏娃娃，还可以把面粉涂在脸上做鬼脸"。

问题（1）中，我们认为儿童 B 比儿童 A 具有更好的思维流畅性。

问题（2）中，虽然儿童 A 说出了"可以做面包、饺子、蛋糕"等 10 种答案，但所有的答案都与"食物"的属性有关；而儿童 B 说出了"做馒头、捏娃娃，还可以把面粉涂在脸上做鬼脸"3 种答案，虽然答案的数量少，流畅性相对差些，但变通性却要比儿童 A 好，因为儿童 B 不仅利用了面粉的食用性功能，而且还利用了面粉的黏性和涂抹性功能。

（三）独特性

独特性是指人们在发散思维的驱使下做出的不同寻常的、异于他人的新奇反应的能力。独特性用以表现发散思维的新奇成分，是发散思维的最高目标。

创新故事

毛姆的征婚广告

英国著名小说家毛姆在成名前籍籍无名，但他自认为《月亮与六便士》写得很好。当他带着作品奔波多家出版社后才发现没有一家愿意出版。毛姆深深感到了名气的重要性。还好，最终有家出版社同意出版。可如何才能让这本新书畅销呢？毛姆陷入了沉思。

一天，他在看报纸时注意到几则征婚广告。随即，他去报社亲笔写下一则征婚广告："本人身体健康，个性开朗，尤其喜欢音乐和运动，是一位年轻而有教养的'百万富翁'。非常希望能找到一个与毛姆的小说《月亮与六便士》中的女主角一模一样的女性结婚。"

这则征婚广告刊登后，《月亮与六便士》便出版了。该书一经面世居然全城热销。因为年轻姑娘们看到了征婚广告后，都想看看书中的女主角究竟长什么样子，竟会令一位

年轻的"百万富翁"如此动心；女孩的父母们则想按照书中的女主角来培养女儿，以便将来嫁给富翁；年轻小伙子们则想知道富翁的择偶标准。

毛姆在推销他的小说的过程中，就利用了发散思维的独特性，结果取得了意想不到的效果。

发散思维的流畅性、变通性、独特性是相互关联的。流畅之后才能变通，而变通的本质也可以视为流畅。并且，只有同时具备变通性和流畅性，最后才可能创造出超乎寻常的独特观念。

三、发散思维的类型

（一）材料发散

材料发散是指以某个物品作为某种材料，并以其为发散点，设想它的多种用途。

【例】空矿泉水瓶有什么用处？

装水，做成花瓶，在瓶底上扎多个眼可以当喷壶用，竖着劈开可以做玩具小船等。

创新故事

以回形针作为材料，进行思维发散，你会发现回形针的用途非常多。

如把纸或文件别在一起，作发夹用；用来代替西装领带上的别针；拉开一端，烧红了可在软木塞上穿孔；拉开一端，在蜡版或泥地上画图、写字；拉直了，用作粗织的针；当鱼钩用；穿上一条线当挂钩；用来固定标签；装在窗帘上代替小金属圈……

创新训练

请尽可能多地分别写出（或说出）A4纸、铅笔、灯、火柴盒、旧食品罐头盒的用途。

（二）功能发散

功能发散是指以某事物的功能为发散点，设想出获得该功能的各种可能性。

扫一扫

功能发散

【例】怎样才能达到照明的目的？

打开电灯；点燃蜡烛；用镜子反射太阳光；划火柴；烧纸片；用手电筒；点火把；燃篝火……

创新训练

1. 怎样才能达到取暖的目的？（办法越多越好）

2．怎样才能达到降温的目的？（办法越多越好）

3．怎样才能达到休息的目的？（办法越多越好）

4．怎样才能达到锻炼身体的目的？（办法越多越好）

（三）结构发散

结构发散是指以某种结构为发散点，设想出利用该结构的各种可能性。

【例】请尽可能多地列举出"～"形状的事物，并阐述其功能。

丝带，装饰作用；水波荡漾，荡涤心灵；小路，通往秘密花园；卷发，端庄秀美等。

创新训练

请尽可能多地列举出具有"立方体"结构的东西；尽可能多地列举具有"旋钮式"结构的东西。

（四）形态发散

形态发散是指以事物的某种形态（如形状、颜色、声音、味道、气味、明暗等）为发散点，设想出利用这种形态的各种可能性。

创新训练

1．尽可能多地设想利用黑色可以做什么事。

2．尽可能多地设想利用铃声可以做什么事。

3．尽可能多地设想利用圆形可以做什么事。

4．尽可能多地设想利用香味可以做什么事。

5．尽可能多地设想利用阴影可以做什么事。

（五）组合发散

组合发散是指从某一事物出发，并以此为发散点，对该事物与其他事物进行组合联想，尽可能多地设想该事物与另一事物联结成具有新价值（或附加值）的新事物的各种可能性。

创新训练

1．尽可能多地写出（或说出）圆珠笔可同哪些东西组合在一起。

2．尽可能多地写出（或说出）伞可同哪些东西组合在一起。

3．尽可能多地写出（或说出）小刀可同哪些东西组合在一起。

4．尽可能多地写出（或说出）电话可同哪些东西组合在一起。

5．尽可能多地写出（或说出）图画可同哪些东西组合在一起。

6．尽可能多地写出（或说出）钟表可同哪些东西组合在一起。

7. 尽可能多地写出（或说出）诗词可同哪些东西组合在一起。

（六）方法发散

方法发散是指以人们解决问题或制造物品的某种方法为发散点，设想利用该方法解决其他问题的各种可能性。

扫一扫

方法发散

创新训练

1. 尽可能多地写出（或说出）用"敲"的方法可以办成哪些事情或解决哪些问题。
2. 尽可能多地写出（或说出）用"提"的方法可以办成哪些事情或解决哪些问题。
3. 尽可能多地写出（或说出）用"压"的方法可以办成哪些事情或解决哪些问题。
4. 尽可能多地写出（或说出）用"踩"的方法可以办成哪些事情或解决哪些问题。
5. 尽可能多地写出（或说出）用"拉"的方法可以办成哪些事情或解决哪些问题。
6. 尽可能多地写出（或说出）用"拔"的方法可以办成哪些事情或解决哪些问题。
7. 尽可能多地写出（或说出）用"翻"的方法可以办成哪些事情或解决哪些问题。
8. 尽可能多地写出（或说出）用"摇"的方法可以办成哪些事情或解决哪些问题。
9. 尽可能多地写出（或说出）用"摩擦"的方法可以办成哪些事情或解决哪些问题。
10. 尽可能多地写出（或说出）用"爆炸"的方法可以办成哪些事情或解决哪些问题。

（七）因果发散

因果发散是指以某个事物发展的结果为发散点，推测造成该结果的各种原因；或以某个事物发展的起因为发散点，推测可能发生的各种结果。

创新训练

1. 尽可能多地写出（或说出）造成日光灯管损坏的原因。
2. 有个一年级的新生，在开学上第一节课时不在教室里，请尽可能多地写出（或说出）他不在教室的原因。
3. 尽可能多地写出（或说出）买东西时重量不足的原因。
4. 老王今天下班后没有回家，尽可能多地写出（或说出）老王没有回家的原因。
5. 尽可能多地写出（或说出）随便扔一块石头可能发生的结果。
6. 尽可能多地写出（或说出）随地吐痰可能发生的结果。
7. 尽可能多地写出（或说出）上课迟到可能发生的结果。
8. 尽可能多地写出（或说出）每个小学生都戴上手表去上学可能发生的结果。
9. 尽可能多地写出（或说出）每个人都是近视眼可能发生的结果。
10. 尽可能多地写出（或说出）每户人家都装上智能机器人可能发生的结果。

（八）关系发散

关系发散是指以某一事物为发散点，尽可能多地推测其与其他事物之间的各种联系。如尽可能多地说出某人与其他人的关系，尽可能多地说出电与人类的关系等。

创新训练

1．在过去，可供儿童阅读的图书资料较少，但现在已经有了各种各样的儿童读物。请尽可能多地写出（或说出）这一变化将关系到哪些方面，会产生怎样的影响。

2．尽可能多地写出（或说出）太阳与自然界的哪些事物有关系。

3．尽可能多地写出（或说出）人类与月亮有哪些关系。

4．尽可能多地写出（或说出）塑料薄膜的发明对人类社会会产生哪些影响。

5．尽可能多地写出（或说出）一个教师可能与哪些人有关系。

6．尽可能多地写出（或说出）火与人类的生活有哪些关系。

7．尽可能多地写出（或说出）动物园里的大熊猫与哪些事物有联系。

8．科学家发明了一种写上字几天后字迹就会自行消失的纸。请尽可能多地写出（或说出）这会对哪些人们产生影响。

9．尽可能多地写出（或说出）人造卫星对人类工作的影响。

10．尽可能多地写出（或说出）望远镜使人类生活发生的改变。

四、发散思维的训练方法

发散思维的训练是一种有目的、有计划、有系统的教育活动。人的先天素质对思维能力具有重要影响，但后天的教育与训练对思维能力的影响更大、更深。许多研究表明，后天环境能在很大程度上造就一个新人。在开始发散思维训练之前，先来测试一下你的思维方式吧！

创新测试

你想知道你的思维方式是怎样的吗？下面是一套有关思维方式的测试题，请如实作答。

1．每次选择一件新电器时，你通常会（　　　）。

　A．观察其他消费者的评论，并比较不同电器的功能和价格

　B．选择那件看上去最适合的

2．在选择度假目的地时，你通常会（　　　）。

　A．事先投入大量时间做一番深入研究

　B．遵从第一印象，去看上去比较顺眼的地方

3．在决定一套行动方案时，你会（　　　）。

  A．设计一套具体的步骤，一步步向着预先设定的目标迈进

  B．大概知道自己的目标是什么，但会边做边调整

4．你在什么时候最快乐（　　　）。

  A．当我终于找到实现某个目标的最佳方法时

  B．发现自己面前有无数种可能时

5．在解决一个复杂问题时，你会（　　　）。

  A．一步一个脚印地前进   B．时刻关注宏观形势

6．你坚信，生活中最重要的东西是（　　　）。

  A．实现一些清晰的目标   B．探索各种可能

7．在实现某个目标的过程中（　　　）。

  A．按计划行事   B．边做边琢磨

8．你觉得学习某项技能最快的方式是（　　　）。

  A．深入研究，摸清规则，掌握方法

  B．不断试错

9．如果某样东西在家里不见了，你会（　　　）。

  A．彻底搜查所有可能的地方

  B．只看最可能找到失物的地方

10．在解决某个问题时，你会花费大量时间（　　　）。

  A．研究所有细节

  B．想出尽可能多的办法

【解析】

  数数看你一共得了多少个A，多少个B。然后对比下面的内容来判断你的思维方式。

  如果你选择的A的数量明显超过B，那说明你的思维属于探路型；如果你选择的B的数量超过A，那说明你的思维属于导航型；如果你选择的A、B的数量接近，那说明你在处理问题时比较灵活，可以根据实际需要调换思维。最理想的情况是能熟练运用两种思维，这样会让你更灵活、更有创造力，同时又能因地制宜随机应变。

  （1）探路型的思维方式。

  探路者们喜欢系统地、按部就班地搜集信息，喜欢关注细节。当你需要发现未知要素，而且时间比较充足时，探路型是最佳的思维方式。尤其是在解决技术问题或者"聚合型"问题时，探路型往往是最有效的思维方式。但这种方式也有它的缺点：它会让你只关注一种方案，而忽略其他可能性。

  探路者们的做法通常是：① 首先搜索尽可能多的事实资料；② 研究他人是如何处理

类似问题的；③ 写出各种可能的解决方案，列出各种方案的利弊；④ 向着目标详细规划每一步。

（2）导航型的思维方式。

导航者们喜欢从宏大的角度思考问题。他们更愿意依赖直觉或本能，喜欢寻找尽可能多的解决方案。导航型思维比较适合处理"发散型"、需要快速解决，或者条件会经常变化的问题，因为这样的问题往往不止一个答案。而在遇到类似的问题时，导航者们可以提出很多极富创意的答案。导航型思维的缺点在于：在遇到只有一个或少数解决方案的问题时，导航者们将无法确定具体的步骤来实现目标。

导航者们的做法通常是：① 首先考虑"宏观情况"，从大背景上摸清状况；② 使用创意技巧来产生尽可能多的解决方案；③ 先做再说，边做边改进方法；④ 相信自己，相信直觉。

在了解了自己的思维方式之后，就让我们采用有效的方法开始发散思维的训练吧！

（一）推陈出新训练法

当看到、听到或者接触到一件事情、一种事物时，应当尽可能摆脱旧方法的束缚，运用新观点、新方法、新结论，独创性地赋予事情或事物新的本质，按照推陈出新的思路进行发散思维训练，往往能收到意想不到的效果。

（二）抽象训练法

抽象训练法即把所有感知到的对象依据一定的标准"聚合"起来，抽象出它们的共性和本质。这个训练方法首先要对感知对象形成总体轮廓认识，从感觉上发现其十分突出的特点；其次，要对感觉到的共同问题进行肢解分析，形成若干分析群，进而抽象出本质特征；再次，要对抽象出来的事物本质进行概括性描述，最后形成具有指导意义的理性成果。

创新训练

一个热气球上有三个人，上升时遇到故障，必须舍弃一个人才能安全升空。三个人中一个是环保学家，一个是核专家，一个是农学家，该舍弃谁呢？大家讨论了好久也找不到合适的答案，因为任何一个人都太重要了。

你认为该怎么办呢？

（三）生疑提问训练法

生疑提问训练法是指对过去一直被人们认为是正确的东西或某种固定的思考模式提出新观点和新建议，并能运用证据，证明新结论的正确性。训练方法是：首先，每当观察到一件事物或现象时，无论是初次还是多次接触，都要问"为什么"，并且养成习惯；其次，每当工作中遇到问题时，要尽可能地寻求其规律，或从不同角度、不同方向变换观察同一问题，以免被知觉假象所迷惑。

创新训练

法国曾经出过一道智力测验题进行有奖征答：如果卢浮宫不幸失火，这时你只能从里面抢救出一幅画，你将抢救哪幅画？

你的答案是什么？

（四）集思广益训练法

集思广益训练法是指在一个组织起来的团体中，大家彼此交流，集中众人的智慧，广泛吸收有益意见，从而使思维能力提高的方法。此法有利于研究成果的形成，还具有潜在的培养人的研究能力的作用。由于每个人的起点及观察问题的角度不同，研究方式、分析问题的水平不同，就会产生各种不同的观点和解决问题的办法。通过比较、对照、切磋，会学习到对方思考问题的方法，从而使自己的思维能力在潜移默化中得到改进和提高。

个人的能力终归是有限的。今天，社会分工越来越细，专业知识越来越深，没有人可以做到百事通、样样行。所以我们要注重集体智慧，每个人添一把柴，共同托起集体智慧高高的火焰。

第二讲　聚合思维训练

一、认识聚合思维

聚合思维是相对于发散思维而言的，是指以某个思考对象为中心，尽可能运用已有的知识和经验，将各种信息重新进行组织，从不同的方面和角度，将思维集中指向这个中心点，从而得出一个正确答案或找到一个最佳方案的思维方法。如果说，发散思维是"由一到多"。那么，聚合思维则是"由多到一"，其思维方式是由周围向中心聚合，由外向里，异中求同，所以它也被称为收敛思维、辐合思维和求同思维。

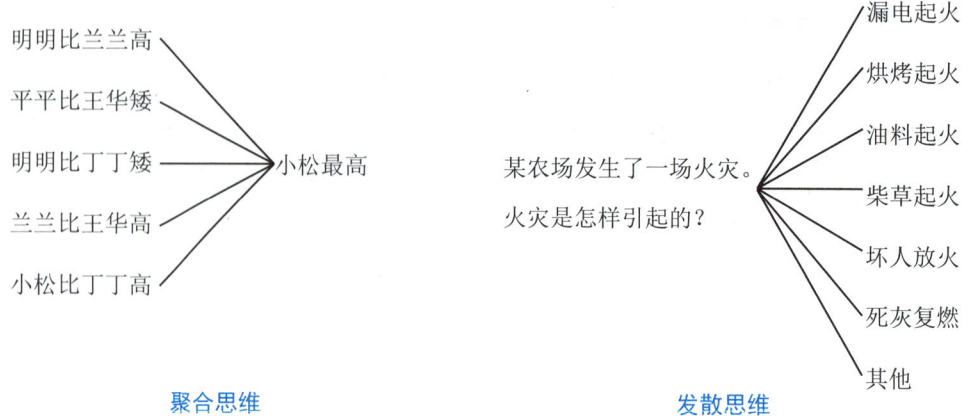

聚合思维   发散思维

聚合思维是人们在解决问题的过程中常用的思维方法。例如，科学家在科学试验中，要从已知的各种资料、数据和信息中归纳出科学的结论；企事业的合理化改革，要从许许多多方案中选取出最佳的方案；公安人员破案时，要从各种迹象、各个可疑人员中找出真相等。

聚合思维

1960 年，英国某农场主为节约开支，购进一批发霉花生喂养农场的十万只火鸡和小鸭，结果这批火鸡和小鸭大都得癌症死了。不久之后，我国某研究单位和一些农民用发霉花生长期喂养鸡和猪等家畜，也产生了上述结果。1963 年，澳大利亚又有人用发霉花生喂养大白鼠、鱼、雪貂等动物，结果被喂养的动物也大都患癌症死了。研究人员从收集到的这些资料中得出一个结论：在不同地区，对不同种类的动物喂养发霉花生都患了癌症，因此发霉花生是致癌物。后来又经过研究发现：发霉花生内含有黄曲霉素这种致癌物质。这就是研究人员对聚合思维的运用。

二、聚合思维的训练方法

聚合思维是创新思维中偏向于逻辑思维的一种思维方法，需要创新活动参与者的理性思考，并具备一定的归纳、总结，甚至整体规划的能力。聚合思维的有效性从某种程度上会受到"聚合"方向的准确性的影响。在初期判断各类信息与思维目标的相关性时，往往需要创新主体敏锐的洞察力和准确的判断力。这种能力虽与先天因素密切相关，但也可以通过后天培养。具体来说，聚合思维训练的方法主要有以下几种。

（一）辏（còu）合显同法

所谓"辏合显同"，就是把所有感知到的对象依据一定的标准"聚合"起来，找到它们的共性和本质，从而找到解决问题的办法。

徐光启治蝗

明朝时期，我国现今的江苏北部出现了可怕的蝗虫灾害。飞蝗一到，整片整片的庄稼被吃掉，人们颗粒无收……徐光启看到百姓的疾苦，想到国家的安定，毅然决定去研究治蝗之策。他搜集了我国自战国以来两千多年有关蝗灾情况的史料。

在这浩如烟海的史料中，他注意到151次蝗灾中，发生在农历四月的有19次，五月的有12次，六月的有31次，七月的有20次，八月的有12次，其他月份总共只有9次。因此，他确定了蝗灾大多发生在夏季炎热时期，以六月最多。另外他从史料中发现，蝗灾大多发生在"幽涿以南、长淮以北、青兖以西、梁宋以东诸郡之地（相当于现在的河北南部，安徽、江苏北部，山东西部，河南东部）"。为什么蝗灾多集中于这些地区呢？经过研究，他发现这些地区湖沼分布较多，从而有利于蝗虫繁衍。于是，他把自己的研究成果向百姓宣传，并且向皇帝呈递了《除蝗疏》。

徐光启在分析蝗灾的整个思维过程中，运用的就是辏合显同法。

（二）层层剥笋法

我们在遇到问题时，最初认识到的仅仅是问题的表层（表面），然后通过层层分析，向问题的核心一步一步地逼近，抛弃那些非本质的、表面的特征，从而揭示出隐蔽在事物表面之下的深层本质。

创新故事

1940年11月16日，纽约爱迪生公司大楼的一个窗台上出现一枚土炸弹，并附有署名 F. P 的纸条，上面写着："爱迪生公司的骗子们，这是给你们的炸弹！"之后，这种威胁活动越来越频繁。1955年竟然共被投放了52颗炸弹，并且其中的32颗炸响了。对此，报界连篇报道，并痛斥此行为造成的恶劣影响，要求警方尽快侦破。可是，尽管纽约市警方在16年中积极行动，但所获甚微，所幸还保留了几张字迹清秀的威胁信。其中一封威胁信中，F. P 写道："我正为自己的病痛怨恨爱迪生公司，要使它后悔自己的卑鄙罪行。"为此，他甚至将炸弹放进剧院和公司的大楼。后来，警方请来了犯罪心理学家布鲁塞尔

博士。

布鲁塞尔博士依据心理学常识，应用层层剥笋法，在警方掌握的材料的基础上做了如下的分析推理：

（1）制造和放置炸弹的大都是男人。

（2）F.P 怀疑爱迪生公司害他生了病。因此，他属于偏执狂病人。这种病人一过 35 岁病情就会快速加重。所以 1940 年时，他刚过 35 岁，现在是 1956 年，他应该是 50 岁出头。

（3）偏执狂病人总是归罪于他人。因此，爱迪生公司可能曾对他处理不当，以致使他难以接受。

（4）字迹清秀表明他受过中等教育。

（5）约 85% 的偏执狂病人有运动员体型，所以 F.P 可能胖瘦适度，体格匀称。

（6）字迹清秀、纸条干净表明他工作认真，是一个兢兢业业的模范职工。

（7）他用"卑鄙罪行"一词过于认真，爱迪生这一名字也用全称，不像美国人所为。所以，他可能是一名外国人，住在外国人居住区。

（8）F.P 在爱迪生公司之外也乱放炸弹，显然有他自己也不知道的理由存在。这表明他有心理创伤，形成了反权威情绪，乱放炸弹就是在反抗社会权威。

（9）他常年持续不断地乱放炸弹，证明他一直独身，没有人用友谊或爱情来愈合其心理创伤。

（10）他虽无友谊，却重体面，一定是一个衣冠楚楚的人。

（11）为了制造炸弹，他宁愿独居而不住公寓，以便隐藏和不妨碍邻居。

（12）地中海各国的恐怖分子爱用绳索勒杀别人，北欧诸国的恐怖分子爱用匕首作案，斯拉夫国家恐怖分子爱用炸弹犯罪。所以，他可能是斯拉夫后裔。

（13）斯拉夫人大多信仰天主教，所以他必然定时去教堂。

（14）他的恐吓信多来自纽约和韦斯特切斯特。在这两个地区中，斯拉夫人最集中的居住区是布里奇波特，他很可能住那里。

（15）持续多年强调自己有病，必是慢性病。但得癌症的人不能活过 16 年，所以他得的是肺病或心脏病，但肺病现在容易治愈，所以他应该是心脏病患者。

根据层层剥笋法，布鲁塞尔博士最后得出结论：警方抓到他时，他一定会穿着当时正流行的双排扣上衣，并将纽扣扣得整整齐齐。而且，博士建议警方将上述 15 个可能性公诸报端。F.P 重视读报，又不肯承认自己的弱点。他一定会做出反应以表现他的高明，从而自己提供线索。

果不其然，1956 年圣诞节前夕，当各大报纸刊登了这 15 个可能性后，F.P 从韦斯特

切斯特又寄信给警方："报纸拜读，我非笨蛋，决不会上当自首，你们不如将爱迪生公司送上法庭为好。"依循这条和爱迪生公司有纠纷的线索，警方立即查询了爱迪生公司的人事档案，发现在 30 年代的档案中，有一个电机保养工乔治梅特斯基因公烧伤，曾上书公司诉说染上肺结核，要求领取终身伤残津贴，但被公司拒绝，于是数月后离职。

此人为波兰裔，当时（1956 年）为 56 岁，家住布里奇波特，父母早亡，与其姐同住一个独院。他身高 1.75 米，体重 74 公斤，平时对人彬彬有礼。1957 年 1 月 22 日，警方去他家调查，发现了制造炸弹的工作间，于是将他逮捕。当时，他果然身着双排扣西服，而且整整齐齐地扣着扣子。

（三）搜寻目标法

生活中还有一些不能简单判断出其目的的问题。这时，就需要我们采用搜寻目标法。所谓"搜寻目标法"，是指通过认真的观察后进行判断，找出其中的关键，并确定目标，进而解决问题。目标的确定越具体越有效。

观察一只猫

第一次世界大战期间，法国和德国交战时，法军的一个旅司令部在前线构筑了一座极其隐蔽的地下指挥部。指挥部的人员深居简出，十分诡秘。不幸的是，他们只注意了人员的隐蔽，而忽略了长官养的一只小猫。德军的侦察人员在观察战场时发现：每天早上八九点钟左右，都有一只小猫在法军阵地后方的一座土包上晒太阳。德军依此判断：① 这只猫不是野猫，野猫白天不出来，更不会在炮火隆隆的阵地上出没；② 猫的栖身处就在土包附近，那里很可能是一个地下指挥部，因为周围没有人家；③ 根据仔细观察后发现，这只猫是相当名贵的波斯品种，在打仗时还有兴趣玩这种猫的绝不会是普通的下级军官。据此，德军判定那个掩蔽的指挥部一定是法军的高级指挥所。随后，德军集中六个炮兵营的火力，对那里实施猛烈袭击。事后查明，他们的判断完全正确，这个法军地下指挥所的人员全部阵亡。

（四）思维聚焦法

思维聚焦，就是人们常说的沉思、再思、三思，是指在思考问题时，有意识、有目的地将思考过程停顿下来，并将前后思考的内容浓缩和聚拢起来，以便帮助我们更有效地审视和判断某一事件、某一问题、某一片段信息的思维方法。

由于聚焦带有强制性指令色彩，因此它对人们的思维会产生两方面的作用：其一，可通过反复训练，培养我们的定向、定点思维的习惯，形成思维的纵向深度和强大穿透力，犹如用放大镜把太阳光持续地聚焦在某一点上，就可以形成高热。其二，由于经常对某一片段信息、某一件事、某一问题进行有意识的聚焦思维，自然会积淀起对这些信息、事件、问题的强大透视力、溶解力，以便最后顺利解决问题。

上面的几种方法各有优劣，何时采用何种方法，要视具体问题而定。一般来说，都是将这几种方法综合运用。要想使用好这些方法，就要在解决实际问题的过程中不断加强训练。

日本人巧探大庆油田

大庆油田是我国在 60 年代勘探、开发的大油田。当时，即使绝大多数中国人都不知道大庆油田在哪里，但日本人却掌握了大庆油田的诸多信息。

日本人首先从中国画报刊登的铁人王进喜的大幅照片上推断出大庆油田在东北三省偏北处，因为照片上的王进喜身穿大棉袄，背景是遍地积雪。接着，他们又根据另一幅肩扛人推的照片，推断出油田离铁路沿线不远。后来，他们从《人民日报》的一篇报道中看到这样一段话："王进喜到了马家窑，说了一声'好大的油海啊，我们要把中国石油落后的帽子扔到太平洋里去！'"据此，日本人判断，大庆油田的中心就在马家窑。

大庆油田什么时候产油了呢？日本人判断：1964 年。因为王进喜在这一年参加了第三届全国人民代表大会，如果大庆油田没有产油，王进喜是不会当选为人大代表的。

日本人还准确地推算出大庆油田油井的直径和大庆油田的产量，依据是《人民日报》一张钻塔的照片和《人民日报》刊登的国务院政府工作报告。用当时公布的全国石油产量减去原来的石油产量，日本人推算出大庆油田的石油年产量为 3 000 万吨，与大庆油田的实际年产量几乎完全一致。

有了如此多的准确信息，日本人迅速设计出了适合大庆油田开采用的石油设备。当我国政府向世界各国征求开采大庆油田的设备设计方案时，日本人一举中标。

三、聚合思维的使用

聚合思维是我们常用的一种思维方法，那我们具体应该怎样使用呢？

（一）求同法

求同法也称求同除异法，即排除不相干的因素，找出共同的因素。例如，张庄有人中

毒了，李庄也有，王庄也有，是食物引起的中毒吗？不是，因为每个人吃的食物不同，所以排除掉食物中毒的可能性。是水源吗？是的。因为他们使用的是同一水源，找到了这个共同的因素，就可以得出饮水中毒的结论。

（二）发散法

发散法也称差异法，即排除相同的因素找出不同的因素。某地区有一"怪洞"，猫、狗入洞则死亡，人、马入洞则无事。实验者将猫、狗抱进洞去也无事，而一旦猫、狗自己进入洞中则死亡。由此得出结论，因为猫、狗矮，自己进洞就会死亡，而人与马均较高，猫、狗被抱进去也等于增加了它们的高度，因此洞中的蹊跷就是离地表近处有某种致命的物质。最后发现，该洞的地下冒出大量的二氧化碳气体，其密度又比空气大，会积聚在洞底，所以矮小动物进入洞中就会死亡。

（三）共变法

共变法是指当某种因素发生变化，另一因素也随之发生变化。这就需要找出两种因素之间的因果关系。温度计就是共变法的产物，即水银柱的高低反映了外界温度的高低，它与外界温度有一种共变的因果关系。

（四）剩余法

剩余法是指如果已知某一复合现象是另一复合现象的原因，同时又知道前一复合现象中的某一部分是后一复合现象中的某一部分的原因，那么，前一复合现象的其余部分与后一复合现象的其余部分就有因果联系的归纳方法。剩余法的特点是通过余果求余因。

剩余法

公安人员常常使用这种方法来逐步缩小犯罪嫌疑人的范围。案发时间被科学确定后，逐个将没有作案时间的人一一排除，剩余的人就与案件产生了可能的因果关系。

创新故事

海王星的发现

自从牛顿发现万有引力之后，天文学家就开始利用它来计算行星的运动轨迹，甚至能够计算出木星、土星或火星在天空中的具体位置。不过，当天文学家利用同样的方法来计算天王星的位置时，却发现计算出来的天王星的运动轨迹和实际观测到的运动轨迹总有几方面的差距。经过仔细观察分析，天文学家知道其中几方面的差距是由已知的其他几颗行星的引力引起的，但还有一方面的差距总是找不到原因。这让天文学家们感到

苦恼，难道是牛顿的万有引力出了问题吗？

这时，天文学家就思考：既然天王星运行轨迹的一些偏离是由相关行星的引力引起的，那么，剩下的一处偏离必然是由另外一颗未知的行星引力引起的。他们猜测在天王星的轨道外，肯定有一颗没有被发现的行星，它正和人类玩着"躲猫猫"的游戏，而且不断用引力影响着天王星的运动。

后来，天文学家利用纸和笔，推算出了这个未知行星的位置。1846年，天文学家按照推算的位置进行观察，果然发现了一颗新的行星——海王星。

创新训练

1．假如你是一个情报人员，你会从哪几个方面搜集你所需要的情报？

2．假如你是一个信息管理人员，你会如何从浩繁的信息中提取你所需要的信息？

3．在信息的处理过程中，判断信息有用与否、真实与否的依据是什么？

4．请使用聚合思维说一说孙悟空和猪八戒的形象。

5．餐桌上的一碟食盐被偷吃了，小偷可能是毛毛虫、猫和蜥蜴三者中的一个。把他们带去受审后，它们各自提供的证词如下：毛毛虫说，蜥蜴偷吃了盐；蜥蜴说，是这样；猫说，我根本不吃盐。已知三者中至少有一个说了假话，也至少有一个说了真话，那么是谁偷吃了盐。

6.（1）请说出家中既发光又发热的东西，找出它们的共同点。

（2）请写出海水与江水的共同之处，越多越好。

（3）鸽子、蝴蝶、蜜蜂与苍蝇有什么共同之处？

（4）铜、铁、铝、不锈钢等金属有什么共同的属性？

7．阅读下列四则材料，运用聚合思维，提取一个共同点，作为文章的中心论点。

（1）英国凯特林男子中学课余天文兴趣小组由20几个中学生组成，年龄最小的只有12岁。1982年，该小组发现苏联"宇宙-1402号"核动力卫星出了毛病，比美国防空司令部空间监测中心的发现还早一个星期。

（2）1975年，在我国江西天文爱好者段元星发现"天鹅座新星"的同时，上海奉贤区一所小学的天文小组，也观察到了这一稀奇现象，受到了有关方面的重视。

（3）《红楼梦学刊》是我国具有较高水平的文学研究专刊，有一期刊登的一篇论文的作者是一名普通的中学生。

（4）15岁的女中学生杜冰蟾，通过努力，发明了"汉字全息码"，并申请了专利。

第三讲 联想思维训练

一、认识联想思维

联想思维是指由某一事物的概念、方法、形象想到与它相关的其他部分或另一事物的概念、方法、形象的思维方法。例如，由表及里，由此及彼。

红铅笔到蓝铅笔，写到画，画圆圈到印圆点，圆柱到筷子……通过联想可以迅速地从大脑里追索出需要的信息，构成一条链，从而把许多事物联系起来，进而开阔思路，加深对事物之间联系的认识，并由此形成具有创造性的构想和方案。

事物之间是普遍联系的。而联想是建立事物间联系的有效方法。联想可以跨越时间、空间、习惯、常识等限制实现创新。研究和实践证明，人们联想的跨度是很大的，两个风马牛不相及的事物，只要在它们之间加上几个环节，就能建立联系。这种大跨度的联想思维能力，往往具有很强的创造力。因此，联想对于人们开阔思路、寻求新对策、谋求新突破具有很大的帮助。

苏联心理学家哥洛万斯和斯塔林茨，曾用实验证明，任何两个概念词语都可以经过四五个联想阶段，建立起关系。例如，木头和皮球是两个风马牛不相及的概念，但可以以联想为媒介，使它们产生联系：木头——树林——田野——足球场——皮球；又如天空和茶：天空——土地——水——喝——茶。如果每个词语可以同将近 10 个词直接发生联想关系，那么第一步就有 10 次联想的机会（即有 10 个词语可供选择），第二步就有 100 次机会，第三步就有 1 000 次机会，第四步就有 10 000 次机会，第五步就有 100 000 次机会。所以联想有广泛的基础，它为我们思维的运行提供了无限广阔的天地。

创新故事

1. 隐身衣

1941 年 6 月，德国法西斯以"闪电战"攻入苏联境内。8 月初，几十万德军将列宁格勒团团围住了，声称要在 15 天之内攻占这座大都市。然而英勇的苏军顽强抗击，使侵略者的强攻无法得逞。于是，德军改换战术，决定派出强大的轰炸机群对列宁格勒的军事目标实施狂轰滥炸，以期彻底摧毁城里的防御系统。苏军了解到德军的这一企图后，决定把重要的军事目标加以伪装。但用什么方法伪装最理想呢？

在这紧急关头，尹凡诺夫将军在一次视察战地时，看见有几只蝴蝶在花丛中时隐时现，令人眼花缭乱。这位将军随即产生联想，并请来昆虫学家施万维奇，让其设计出一套蝴蝶式防空迷彩伪装方案。施万维奇参照蝴蝶翅膀花纹的色彩和构图，结合防护、变形和仿造三种伪装方法，将活动的军事目标涂抹成与地形相似的巨大多色斑点，并且在遮障上印染了与背景相似的彩色图案。就这样，数百个军事目标披上了神奇的"隐身衣"，大大降低了重要目标的损伤率，有效地降低了德军轰炸造成的损失。

2. 微波炉的发明

美国工程师斯潘塞在做雷达起振实验时，发现口袋里的巧克力融化了，原来是雷达电波造成的。由此，他联想到可以用微波来加热食品，进而发明了微波炉。

人的头脑中储存着大量的信息，它原本可以绰绰有余地应付各种各样的问题。但是随着时间的推移，这些信息会在头脑中变得模糊杂乱、支离破碎，甚至渐渐地被人们淡忘，自然就很难被利用了。联想是打开记忆之门的钥匙，能帮助我们挖掘出记忆深处的种种信息，并把信息之间的联系在头脑中再现出来。联想是创新思维的万花筒，阿凡提的旅馆献策，蒙格飞兄弟的飞天联想，斯文顿发明的坦克，威廉德尔曼教授饼与鞋的联想，中松义郎冻出的"念头"等都是展开了联想的翅膀后所产生的结果。

二、联想思维的特征

联想思维具有连续性、形象性和概括性三大特点。

(一)连续性

联想思维往往是由此及彼、连绵不断地进行的。联想链可以是直接的，也可以是迂回曲折的，而链的首尾两端往往是不相关的。

（二）形象性

联想思维是形象思维的具体化，其基本的思维操作单元是表象，即一幅幅画面。所以，联想思维显得十分生动，具有鲜明的形象。例如，一提到"秋风"，会立刻联想到"落叶"，于是一幅秋风送爽、落叶飘飞的景象就出现在脑海中了。

（三）概括性

联想思维可以很快把联想到的思维结果呈现在联想者的眼前，而不顾及细节，是一种整体把握的思维操作活动。因此，联想思维具有概括性。

三、联想思维的类型

古希腊哲人亚里士多德早在两千多年前就指出：只有不断使自己的思维从已存在的一点出发，或从已知事物的相似点、相近点或相反点出发，才能获得对事物的新看法，世界才会得以前进。

对某个经过长时间反复思考仍得不到解决的问题，有时却会在某个外界事件的触发下，引起联想，跳出现有思维的圈子，从而使问题迎刃而解。很多新学科、新观念、新假说和新方法的产生都同联想思维有关。具体来讲，联想思维有以下几种类型。

（一）接近联想

接近联想是指由于某两种事物在时间、空间上彼此接近，常常在人们的日常生活中被联系起来，从而使人们由其中一种事物联想到另一种事物的思维方式。例如，只要一提起北京，人们就可能会想到长安街、天安门广场、王府井、长城、烤鸭、2008 年奥运会等；提到闪电，人们就会联想到雷鸣、下雨、滴答声、湿漉漉的地面、急匆匆的行人等。

创新故事

> 有家公司既经营鲜牛奶，又经营面包、蛋糕等食品。这家公司出售的牛奶质优价廉，每天都能在天亮以前就将牛奶送到订户门前的小木箱内。牛奶的订户不断增多，公司获利越来越大，可是这家公司经营的面包、蛋糕等食品，虽然也质优价廉，但却由于门市部所在的地段较偏僻，来往的行人不多，所以销售业绩一直不佳。
>
> 公司很多人建议通过电视台和报纸做广告来扩大影响，可老板却想出了另外一个办法：设计、印刷一种精美的小卡片，正面印各种面包、蛋糕的名称和价格，背面可填写顾客所需面包、蛋糕的品种、数量、送货时间及顾客的签名。每天小卡片被挂在牛奶瓶上送给订户，第二天再由送奶人收走，第三天便能将所订的面包、蛋糕等食品，随同牛奶一起送到订户家中。结果，该公司的面包、蛋糕等食品销量大增。

（二）相似联想

相似联想是指在形式、性质或意义上相似的事物之间所形成的联想。例如，由语文书想到数学书，由钢笔想到铅笔，提到梅、兰、竹、菊就想到君子，提到向日葵就想到太阳。这种联想也可运用到创造发明的过程中来。

创新故事

1. 蜘蛛网——吊桥

自古以来，人类架桥就是靠修筑桥墩来实现的，但当遇到水深难以打桩架桥时怎么办呢？发明家布伦特从蜘蛛吊丝做网，联想到造桥，从而发明了吊桥。

2. 学了就用

某旅游团出发后，导游小姐向大家传授购物知识：走这条旅游路线，买东西不能对方要多少就给多少，一定要杀价，而且至少要杀一半的价。旅游团的成员们按这位导游小姐所说的办，果然屡试不爽，省了不少钱。旅游结束时，导游小姐对大家说：每人需交导游费 200 元。一位团员听了马上大声嚷道："你说 200 元，我们只给 100 元！"

3．电话的发明

在贝尔发明电话以前，虽然已有人在研究电话了，但因为声音不清楚而无法使用。贝尔决心致力于电话研究，使电话成为可以使用的通信工具。一次实验中，贝尔发现把音叉的端部放在带铁芯的线圈面前，如果使音叉振动，线圈中会产生感应电流，通过电线把电流送至另一只同样的线圈，线圈前的音叉也会振动，发出跟另一端音叉振动一样的声音。他由此联想到能像音叉一样发生振动的金

电话的发明

属簧片，如果用金属簧片代替音叉，线圈也应该能产生感应电流，使簧片振动发声，这样金属簧片就能"说话"了。通过反复试制和不断完善，贝尔发明了世界上第一部电话。

（三）对比联想

对比联想是指由某一事物的感知和回忆引起跟它具有相反特点的事物的联想。例如，黑与白，写与擦，大与小，水与火，黑暗与光明，温暖与寒冷等。

对比联想又可具体分为以下几种。

1．从性质属性的角度进行对比联想

这是一种应用十分广泛的对比联想，即从事物的一种性质或属性联想到与之对立的另一种性质或属性。

日本的中田藤三郎关于圆珠笔的改进就是从属性的角度进行对比联想才获得成功的。1945 年圆珠笔问世，人们发现圆珠笔在书写 20 万字后就开始漏油。中田藤三郎对圆珠笔进行了改进，使得每支圆珠笔在书写 20 万字后，笔油恰好被使用完，被人们扔掉，从而完美解决了圆珠笔漏油的问题。

2．从优缺点的角度进行对比联想

事物都是对立统一的，都具有矛盾的两个方面，所以在进行联想时，既要看到事物的优点和长处，又要看到事物的缺点和短处，反之亦然。

铜在 500 摄氏度左右处于还原性气氛中时，铜中的氧化物发生氢脆，会使铜器件产生缝隙，人们一直在想方设法克服这个缺点。可是有人却偏偏把它看成优点并加以利用，从而发明了铜粉的制造技术。传统的机械粉碎法制作铜粉相当困难，原因在于粉碎铜时，铜屑总是变成箔状。但如果把铜置于氢气流中，加热到 500～600 摄氏度，加热 1～2 小时，铜屑就能充分氢脆，再经球磨机加工，合格铜粉就制成了。

3. 从物态变化的角度进行对比联想

从物态变化的角度进行对比联想，即看到事物从一种状态变为另一种状态时，联想到与之相反的状态。

18 世纪，拉瓦锡用金刚石煅烧的实验证明了金刚石的成分是碳。1799 年，摩尔沃成功地把金刚石转变成石墨。金刚石既然能够转变为石墨，用对比联想来考虑，那么反过来，石墨能不能转变成金刚石呢？后来，科研人员经过反复实验研究，终于用石墨制成了金刚石。

（四）因果联想

因果联想是指由两个事物间的因果关系所形成的联想。这种联想是双向的，可以由因到果，也可以由果到因。

创新故事

在干旱的荒漠地区，人们很难找到水。但人们知道狒狒能够找到水，因此，若想找到水源，只需抓住狒狒即可。但抓到狒狒却不是一件简单的事，于是当地人想出了一个办法：他们当着狒狒的面，在钻出的树洞里放上一些瓜果。等人走开后，狒狒就从树上跳下来，把手伸进树洞里去抓瓜果，树洞很小，捏紧了瓜果的手却怎样也出不来了，于是人们没有费多大力气便抓到了狒狒。人们把狒狒拴住，在狒狒的面前摆上几块盐块，好奇心强的狒狒抓起盐块就像人类吃糖一样吃了起来。第二天一大早，人们才把狒狒解开。这时，早就渴得嗓子直冒烟的狒狒根本顾不了尾随在后的人类，毫不犹豫地直奔水源点。就这样，人们凭借会寻水的狒狒便轻易找到了水源。

（五）连锁联想

连锁联想是指在头脑中可以按照事物之间的这样或那样的联系，一环紧扣一环地进行联想，使思考逐步前进或逐步深入，从而引发出某种新的设想。

四、联想思维的训练方法

在训练联想思维的过程中，通常有以下几种方法。

（一）自由联想法

自由联想是一种思维不受限制、主动自由的积极联想，是在自由奔放、毫无顾忌的情况下进行的联想。自由联想法是属于探索性的，是由美国芝加哥大学的心理学家们首先提

出并开始实验的。心理学家要求接受试验的人根据提及的词，尽快地想到许多概念，再从这些概念中，联想出新的概念来。例如，提及"飞机"一词，就可以联想到飞机的外形、原理、起飞的上升力、着陆的下降力及飞机的动力必须超过它的阻力等。联想思维能力强的人还可以构想出鸟的飞翔、宇宙飞船、飞行火车等。心理学家经过一系列的追踪研究发现，联想到的内容越丰富的人，创新能力也越强。

创新训练

1．天马行空。请准备一张白纸和一支笔，闭上眼睛 1 分钟，清除脑海中的杂念。然后睁开眼睛，写下你瞬间想到的一个词语，然后根据这个词语展开自由联想，将想到的内容通通写在白纸上。定期进行训练，看看你的自由联想能力是否会有所提高。

2．联想接龙。首先选定一个中心主题词，然后由中心主题词引发一个联想，则引发出的联想成为主题继续引发下一个联想，像一条锁链一样无限制地向下延伸。联想接龙分为两种：一种是自由式，即中心主题词的结构、类型等不受限制；另一种为固定式，即以成语、歌词、故事、因果关系等为固定发散的结构。

（二）强制联想法

强制联想法是与自由联想法相对而言的，是指将两个或两个以上无关的事物强行联系在一起，从而产生出独特设想的方法。强制联想法可以迫使人们去联想那些根本联想不到的事物，打破逻辑思维的屏障，产生思维的大跳跃，从而产生更多的新奇怪异的设想，而有价值的创造性设想就孕育在其中。

强制联想的具体方法有很多，常见的有样本法、列表法和焦点法。

1．样本法

这种方法比较简单，只需打开一本书或一份报纸，随意地将某个词语、某个题目或某句话挑选出来即可。然后用同样的方法，从另一本书或另一份报纸上将某个词语、题目或某句话挑选出来，想方设法地将二者联系起来，借此期望意外地产生独创性的想法。

创新故事

日本软件银行总裁孙正义认为自己的成功得益于他早年在美国留学时的"每天一项发明"。那时候不管多忙，他每天都要给自己 5 分钟的时间强迫自己想一项发明。他发明的方法很奇特：从字典里随意找三个名词，然后想办法把这三样东西组合成一个新东西。一年下来，他竟然有 250 多项"发明"。在这些"发明"里，最重要的是"可以发声的多国语言翻译机"。后来，这项发明以 1 亿日元的价格卖给了日本夏普公司，为孙正义赚到了创业的资金。

在这里，孙正义所用的就是强制联想法。

2．列表法

该方法是事先将考虑到的所有事物或设想依次列举出来，然后任意选择其中两个加以组合，从中获得具有独创性的事物或设想。

3．焦点法

焦点法只可任选一个事物，另一个事物却是指定的，不能任选。也就是说，本方法是就特定的项目而寻求各种设想。它以一个事物为出发点（即焦点），联想到其他事物并与之关联形成新创意。

焦点法可按以下步骤进行操作。

（1）确定目标。

（2）随意挑选与目标不相关的事物作为刺激物。

（3）列举出 B 的属性。

（4）以目标为焦点，强制性地把列举出的刺激物的属性与目标联系起来。

 创新故事

机枪是用于打仗的，播种机是用来播种庄稼的，这两种东西本来是毫不相关的。但是美国加利福尼亚州的一位生物学家却将机枪与播种机联系在了一起，发明了机枪播种法。他将这一方法配合飞机播种使用，使种子能够像机枪里的子弹一样被打进土地，有效解决了以前播种机的麻烦及普通飞机播种时只能把种子撒在土地表面的缺点。

创新训练

1．请你为"灯"与"污染"建立联系。

2．请你为"音响"与"头痛"建立联系。

3．请你为"木头"与"足球"建立联系。

4．请你为"天空"与"烟囱"建立联系。

5．请你为"椅子"与"花生"建立联系。

6．请你为"挂历"与"衣服"建立联系。

树德创新

保护知识产权，就是保护创新

创新是引领发展的第一动力，而保护知识产权就是保护创新。在第二届"一带一路"国际合作高峰论坛开幕式上，习近平主席曾在主旨演讲中指出："加强知识产权保护，不仅是维护内外资企业合法权益的需要，更是推进创新型国家建设、推动高质量发展的内

在要求。"近几年，国家陆续修订《中华人民共和国商标法》《中华人民共和国反不正当竞争法》《中华人民共和国专利法》和《中华人民共和国著作权法》，并发布了《知识产权强国建设纲要（2021—2035年)》。可以说，国家是用心在提升知识产权保护。

随着创新的持续发展并向社会生活的全面渗透，加强知识产权保护的意义早已不限于科技创新领域。创新成果的转化运用、良好营商环境的营造、国际交往的顺利开展、消费者合法权益的保护，无不需要知识产权制度保驾护航。

今天，加强知识产权保护已成为具有全局性影响的重要举措，只有全社会共同提升认识，才能更好地推动知识产权保护工作的开展。

【点拨】保护知识产权就是尊重创造、保护创新。创新的时代，我们既要尊重他人的知识产权，又要学会保护自己的知识产权。当知识产权受到侵犯时，我们要善于运用法律武器维护自己的权益。

第四讲　想象思维训练

想象力是发明、发现及其他创造活动的源泉。

——亚里士多德

想象就是深度。没有一种精神机能比想象更能自我深化，更能深入对象，这是伟大的潜水者。科学到了最后阶段，便遇上了想象。

——雨果

一、认识想象思维

半个多世纪以前，著名的物理学家爱因斯坦在《论科学》一文中深有感触地说："想象力比知识更重要，因为知识是有限的，而想象力概括着世界的一切，推动着进步，并且是知识进化的源泉。"黑格尔在他的《美学》一书中指出："最杰出的艺术本身就是想象。"想象是创新的翅膀。了解和掌握想象思维的基本知识，激活沉积在大脑深处的信息，充分调动大脑的想象力，可以实现跨越式的突破，从而促进我们的创新思维。

想象思维是人们对大脑中已有的记忆表象（印象）进行新的加工、改造、重组而创造出新形象的思维活动。想象思维的基本元素是表象。表象是人脑对外界事物通过形象储存下来的信息，包括静止的、活动的画面，平面的、立体的画面，有声的、无声的画面。作为心理过程结果，表象是客观事物在大脑中保持的形象。在想象思维中，这些表象就像过

电影一样，在大脑中涌现，经过黏合、夸张、人格化、典型化等加工方式，形成崭新的有价值的形象。例如，"龙"是我国古代人民最典型的想象思维的产物，是蛇身、蜥腿、鹰爪、蛇尾、鹿角、鲤鳞等的复合体，是吉祥、高贵的象征。

创新故事

2010年诺贝尔奖获得者名单中，最让人们津津乐道的是物理学奖获得者——英国曼彻斯特大学的科学家安德烈·海姆和其学生康斯坦丁·诺沃肖洛夫。不仅因为年仅36岁的诺沃肖洛夫在平均年龄50岁的诺贝尔奖获得者中显得出众，更因为他们用"铅笔"和"胶带"获得超薄材料石墨烯的"突破性"方法，再次向我们展示了想象力在科研中的重要作用。

比最硬的钢铁硬100倍、比钻石还硬的石墨烯是一种从石墨材料中剥离出的单层碳原子二维材料。它具有的超强硬度、韧性和出色的导电性使得制造超级防弹衣、超轻型火箭、超级计算机不再是科学狂想。但如果想投入实际生产，就必须找到一种方式，制造出大片、高质量的石墨烯薄膜。

为此，几十年来，科学家们从未停止过各种各样的萃取或合成试验，但一直收效甚微。直到2004年，海姆和诺沃肖洛夫突破性地创造了撕裂法。他们将石墨分离成小的碎片，从碎片中剥离出较薄的石墨薄片，然后用胶带粘住薄片的两侧，撕开胶带，薄片也随之一分为二，不断重复这一过程，最终得到了只有单层碳原子的石墨烯。这听起来简单得不可思议，但却是科研上独具特色的创新之举。

科学的想象力来自何处？看看海姆所做的其他研究就知道了。2000年，海姆用磁性克服重力作用让一只青蛙飘浮在半空中，而获得了"搞笑诺贝尔奖"。2003年，他设计出一种有着极小绒毛的材料。这种材料通过模仿壁虎脚上的绒毛，实现了"壁虎爬墙"，即将一平方厘米的这种材料放在垂直平面上，就可以支撑起一公斤的重量。事实上，撕出厚度为一个原子层的东西并不容易，这需要在漫长的时间里进行难以计数的重复试验。但是这对师徒正是通过想象，大胆创新，坚持不懈，终于在科学上有所突破。诺贝尔奖评选委员会形容这对师徒"把科学研究当成快乐的游戏"。

二、想象思维的特征

想象思维具有形象性、概括性和超越性。

（一）形象性

想象思维是通过对已有表象的加工而创造新形象的过程。所以，

扫一扫

想象的特征

它加工的对象是形象信息，而不是语言或符号。有了想象，我们看小说时就可以见到人物的音容笑貌；看图纸时就有了立体的物体；看设备说明时就见到了设备的外形和结构。正如马克思所说："蜘蛛的活动与织工的活动相似，蜜蜂建筑蜂房的本领使人间的许多建筑师感到惭愧。但是，最蹩脚的建筑师从一开始就比最灵巧的蜜蜂的高明之处在于他在用蜂蜡建筑蜂房以前就已经在自己的头脑中把它建成了。劳动过程结束时得到的结果，在这个过程开始时就已经在劳动者的表象中存在着，即已经观念地存在着。"不同于逻辑思维，想象思维的形象性使得想象思维的过程和结果丰富多彩、生动活泼、直观亲切。

（二）概括性

想象思维以形象的形式进行，其实质是一种思维的并行操作，即一方面反映已有的记忆表象，同时把已有的表象变换、组合成新的形象，从而形成整体性的把握，因而具有概括性。例如，把地球想象成鸡蛋，蛋壳是地壳，蛋白是地幔，蛋黄是地核，就非常具有概括性；科学家把原子结构想象成太阳系，太阳是原子核，核外电子是行星，核外电子围绕着原子核高速旋转；鲁迅创作的阿 Q 形象，是对辛亥革命不彻底性的落后农民的概括。

（三）超越性

想象思维是以组织起来的形象系统对客观现实的超前反映。就像人们所说的"艺术来源于生活，又高于生活"一样，想象总是超越现实的。超越性是人脑的创造活动最主要的表现。一些重大的发明创造，都离不开想象的超越性。

三、想象思维的类型

根据是否有明确的目的性，可将想象分为无意想象和有意想象。

（一）无意想象

无意想象是指事先没有预定目的，不受主体意识的支配，在外界刺激的作用下不由自主地进行的想象。无意想象属于简单、初级的想象形式。人们晚上所做的梦就是无意想象的典型情况。

扫一扫

想象的类型

创新故事

19 世纪，美国著名缝纫机发明家赫威长期钻研设计工作未果。一天晚上，赫威梦见国王向他发布了一道命令：如果在 24 小时之内无法创造出缝纫机，就用长矛处死他。随即，他看见长矛慢慢降下。突然，他惊奇地发现所有的长矛在矛尖上都有眼睛一般的小洞。一阵激动使赫威醒来，他意识到缝纫机的针眼应当靠近针尖，而不是在针的中部或尾部。回到实验室，赫威在梦的启发下开始了新的实验，结果真的成功了。

（二）有意想象

有意想象是指事先有预定的目的，并受主体意识支配的想象。它是人们根据一定的目的，为塑造某种事物形象而进行的想象活动，这种想象活动具有一定的预见性、方向性，属于想象的高级形式。

有意想象根据想象内容的新颖程度和形成方式可分为再造型想象、创造型想象和幻想型想象。

1. 再造型想象

再造型想象是指根据他人的言语叙述、文字描述或图形示意，形成相应形象的过程。如读小说、诗歌时想象出的人物形象和场面；看舞蹈、听音乐想象出的画面等。再造型想象不具有创新性，但它是理解和掌握知识必不可少的条件。

家书

有个商人在外做生意，他的同乡要回家，于是他就托同乡带 100 两银子和一封家书给妻子。同乡在路上打开家书一看，原来只是一幅画，上面画着一棵大树，树上有 8 只八哥、4 只斑鸠。同乡大喜：信上没写多少银子，我留下 50 两，他们也不知道。

同乡将家书和银子交给商人的妻子后说："你丈夫让我捎给你 50 两银子和一封家书，你收下吧！"商人妻子拆开信看过后说："我丈夫让你捎给我 100 两银子，怎么成了 50 两？"同乡见被识破，忙道："我是想试试弟媳聪明不聪明。"忙把那 50 两银子给了商人的妻子。

商人妻子怎么知道是 100 两银子的呢？原来那幅画的意思是：8 只八哥代表八八六十四，4 只斑鸠代表四九三十六，合起来就是 100，所以商人的妻子便知道是 100 两银子了。

商人写信不用文字而用图画，商人妻子读信不是认字而是解画，他们所使用的思维方法就是再造型想象。

2. 创造型想象

创造型想象是指不依据现存的语言或图样示意，而是根据一定的目的，对头脑中已有的表象进行加工改造，独立创造出新形象的过程。创造型想象比再造型想象更复杂，具有独立性、首创性和新颖性。作家、发明家所进行的创作和发明活动，大多数属于创造型想象。

创新故事

　　飞机是20世纪最伟大的发明之一。飞机的发明者美国的莱特兄弟本来是靠修理自行车过活的，但他们从小喜欢机械和航空，而且不满足于现状，总喜欢别出心裁，搞点花样。

　　一天，兄弟俩在门前马路上试骑刚修好的自行车，由于车闸失灵、路陡坡大，自行车一下冲了出去，吓得路上的鸡鸭到处乱飞。"哎，要是咱们的自行车能往天上飞，那该多好！""把汽车、火车都安上翅膀，就都能上天了。"兄弟俩真想搞点花样了。连孩子都明白，铁跟空气比谁重谁轻，想让很重的车子飞上天，那不成了神话了吗？莱特兄弟的想法遭到很多人的反对。

　　但是莱特兄弟没有被困难和外界的声音吓倒。他们一边学习理论知识，一边观察自然界的雄鹰盘飞、燕子高飞等现象，并且花了大量的时间在家刻苦钻研。经过十多年的努力，莱特兄弟终于制成了第一架双翼飞机。兄弟俩高兴得把这架用内燃机做动力、用木料做骨架、用帆布做机篷的飞机叫作"飞行者号"。自此，莱特兄弟为人类开创了航空科学的新纪元。

3. 幻想型想象

　　幻想型想象是指与生活愿望相结合并指向未来的想象。巴尔扎克说过："想象是双脚站在大地上行进，脑袋却在腾云驾雾。"

　　幻想型想象和创造型想象相比，具有以下特点：① 幻想创造出的形象，总是和个人的愿望相联系，并体现出个人所向往、所祈求的事物，而创造型想象所形成的形象则不一定是个人所向往的形象。② 幻想不与当前的创造活动直接联系，不创造出当前的物质产品或精神产品，而是指向于未来活动，但又常常是创造性活动的准备阶段。

四、想象思维的训练方法

创新测试

你知道自己的想象力水平吗？下面是想象力的测试题目，请如实回答。

1. 你不得已要说一个毫无恶意的谎言时，（　　）。

　　A．总是慌乱，不抱有希望，结果让对方听出你是在说谎

　　B．编造得过于详细，结果引起对方的怀疑

　　C．话讲得恰到好处，令人信服

2. 你相信自己的谎言吗？（　　）

　　A．相信　　　　　　　　B．不相信　　　　　　　C．差不多相信

3. 你来的时候，人们突然不说话了，你认为（　　）。

　　A．他们一定是在谈论你

　　B．这是谈话的正常间断

　　C．他们是在与你打招呼

4. 你对别人倒霉、失意的经历的反应是（　　）。

　　A．流眼泪　　　　　　　B．同情　　　　　　　　C．厌烦

5. 当你受到批评时，（　　）。

　　A．你完全拒绝批评

　　B．你认为这些批评是合理的，恰当的

　　C．你觉得自己做的事情总是不对的

6. 你晚上外出消遣时，（　　）。

　　A．总是在你熟悉、喜欢的地方

　　B．每次都试一试不同的地方

　　C．有时换新的地方

7. 在你盼望什么人来，而他却迟迟不到时，（　　）。

　　A．你会担心他出了什么交通事故

　　B．你会假定他被什么事情耽搁了

　　C．你至少在一小时之内不会担心

8. 你在剧院或影院看演出时哭过吗？（　　）

　　A．哭过　　　　　　　　B．没有哭过　　　　　　C．已经有多年不哭了

9. 如果你晚上孤身一人，（　　）。

　　A．你觉得害怕

　　B．你觉得不烦恼

C．你有点怕，但是又能够消除害怕

10．听鬼怪故事（　　　）。

　　A．会使你发笑

　　B．会令你感到毛骨悚然

　　C．会使你对超自然的事情感兴趣

11．你盯着有图案的墙壁纸时，（　　　）。

　　A．看很长时间你才能看得出其中的格局

　　B．你不怎么注意它

　　C．你只会单纯注意它的设计图样

12．你在一个陌生地方睡觉被奇怪的声音弄醒时，（　　　）。

　　A．会想起鬼　　　　　　　B．会想到窃贼　　　　　　C．会想到是热水管

13．交友时，（　　　）。

　　A．尽管你们相识不久，但你会认为对方是有理想的

　　B．你想使你交往的人进一步理想化

　　C．你看得出你喜欢的人实际上很漂亮

14．当你在看一篇熟悉的小说改编成的影片时，（　　　）。

　　A．你通常觉得看电影更能够享受其中的乐趣

　　B．你通常觉得自己对电影很失望

　　C．你发现这个故事由于电影的特点而改变了

15．你空闲时，（　　　）。

　　A．能够以思考自娱

　　B．如果能够找到事情做会觉得很快活

　　C．如果有特别感兴趣的事情考虑，觉得很高兴

16．你对一本书或一部电影会有什么更好的见解？（　　　）

　　A．经常有　　　　　　　　B．有时有　　　　　　　　C．实际上从来没有

17．要是你知道你打算买的那幢房子里曾经发生过凶杀案，（　　　）。

　　A．如果这个地方对你很合适，你还会买

　　B．你会立即放弃买这幢房子

　　C．你会想到这种事情会不会在你身上发生

18．你在心里改写过小说或电影的结局吗？（　　　）

　　A．只有当这个故事给你很深的印象时才会想过

　　B．经常如此

　　C．从来没有

19．在讲述你自己的经历时，（　　　）。

A．你总是夸大其词以便把自己的经历说得更好

B．坦率地叙述自己的经历

C．只修饰某些细节

20．你幻想吗？（　　　）

A．经常　　　　　　　　B．有时　　　　　　　　C．很少

21．你幻想的时候，（　　　）。

A．能够虚构出大量的详细的错综复杂的事情

B．只能模糊地想出一些中意、合乎需要的情节

C．偶尔能够把某些细节安插进去

22．看报纸时发现这样一条信息：饥饿的第三世界，（　　　）。

A．你会迅速翻过不看

B．你会发现自己没有食欲

C．你告诫自己应该为其做一些什么

23．你能在想象中与别人交谈吗？（　　　）

A．只有在谈论之后才能　　B．不能　　　　　　　C．经常这样

24．强烈的视觉意象总是伴随着你思考吗？（　　　）

A．通常如此　　　　　　　B．很少　　　　　　　　C．有时

25．你认为自己（　　　）。

A．对于冒险很有经验

B．对冒险不感兴趣

C．对冒险感兴趣，但不总是很有信心

26．鬼怪小说、电影会（　　　）。

A．使你厌恶　　　　　　　B．使你无动于衷　　　　C．刺激你

27．如果一个孩子给你讲述了他一个想象中的同伴的故事，（　　　）。

A．你会完全进入他的幻想世界

B．你会告诉他说谎不对

C．你只是宽容地微笑一下

28．当你心里想着一首你喜欢的歌曲时，（　　　）。

A．你能完全清楚地听到这首歌

B．你只能断断续续地听到一些

C．你得小声唱才能想起来

29．当你发现邻居被盗窃时，（　　）。

　　A．你会查看自己门上的锁是否牢固

　　B．你想买一只看家狗

　　C．你想买一支枪

30．你能否假设你可能会遇到像坐牢这类麻烦事？（　　）

　　A．不能

　　B．在情况稍有不妙时可以想象到

　　C．这似乎是不可能的事情，所以做不到

【评分标准】

单位：分

题号	A	B	C	题号	A	B	C
1	1	3	5	16	5	3	1
2	5	1	3	17	1	5	3
3	5	1	3	18	3	5	1
4	5	3	1	19	5	1	3
5	1	3	5	20	5	3	1
6	1	5	3	21	5	1	3
7	5	1	3	22	1	5	3
8	5	1	3	23	3	1	5
9	5	1	3	24	5	1	3
10	1	5	3	25	5	1	3
11	5	1	3	26	3	1	5
12	5	3	1	27	5	1	3
13	5	3	1	28	5	3	1
14	1	5	3	29	1	3	5
15	5	1	3	30	1	5	3

【解析】

总分在30～150分。总的来说，分数越高，想象力就越强。

（1）得分在30～50分。这类人的想象力较弱，似乎一点都不能进入想象的世界。这类人可能很注重实际情况，很现实，所以不喜欢幻想。尽管如此，这类人也会因自己的想象力弱而感到失望。

（2）得分在51～74分。这类人不太喜欢想象，只要可能，总是尽力消除幻想，但具有一定的想象能力。人们可能对这类人的冷静、讲究实际的做法表示赞赏。尽管如此，这类人也失去了想象本可以给他们带来的乐趣。

（3）得分在75～109分。这类人具有一定的想象力，甚至可以站在别人的立场上去思考问题，从而使事情做得很有效果。想象会给这类人带来一定的好处。但这类人的想象力会被他们的见识所限制，所以应该努力扩大视野，向高水平想象力迈进。

（4）得分在110～129分。一方面，这类人具有很强的想象力，有时他们的想象过于丰富，对周围的事物过分敏感。另一方面，这类人可能具有较高的艺术才能，每当设法利用自己的想象力时，便产生一系列丰富的想象。

（5）得分在130～150分。这类人具有相当强的或者说过于丰富的想象力，拥有一个非常复杂的内心世界，因此这类人必须勇敢地面对日常生活中的许多现实问题。

想象力是人类创新的源泉，是知识进步的源泉，推动着世界进步。要具有丰富的想象力，首先要积累丰富的知识和生活经验；其次，要保持和发展自己的好奇心；再次，应善于捕捉想象思维的产物，对其进行思维加工，使之变成有价值的成果。

那么，如何具体地进行想象力的训练呢？

（一）组合想象法

组合想象是指将头脑中某些客观存在的事物形象，整个或者抽取它们的一些组成部分，根据需要做一定的改变后，再将抽取出的这些部分结合成为另一种具有其自身结构、性质、功能及特征的新的事物形象的组合方法。例如，儿童把积木搭成各式各样的房子，手工艺师把各种废料做成不同的手工艺品等。

创新故事

英国有个叫吉姆的小职员，每天坐在办公室抄写东西，常常累得腰酸背痛。他消除疲劳的最好办法就是在工作之余去滑冰。冬季很容易就能在室外找到滑冰的地方，而在其他季节，吉姆就没有机会滑冰了。怎样才能在其他季节也能像冬季那样滑冰呢？对滑冰情有独钟的吉姆一直在思考这个问题。想来想去，他想到了脚上穿的鞋和能滑行的轮子。吉姆在脑海中把这两样东西的形象组合在一起，想象出了一种"能滑行的鞋"。经过反复设计和试验，他终于制成了四季都能用的"旱冰鞋"。

创新训练

请把生活中任意两样或三样东西组合在一起，试试看能创造出什么新东西。发挥你的想象力吧，任何东西都是可以放在一起的。请注意，当你把它们组合在一起后，会产生一个新的东西，请首先在大脑中想象这个东西是什么样子的，它会有什么样的新功能？

（二）充填想象法

充填想象是指在仅仅认识了某个事物的某些组成部分或某些发展环节的情况下，在头脑中通过想象，对该事物的其他组成部分或其他发展环节加以填补、充实，从而构成一个较完整的事物形象，或构成一个较完整的事物形象的发展过程。例如，古生物学家根据一具古生物的化石，就能想象出这个古生物的原有形态；建筑工程师只看到建筑物的设计图纸，就能知道将要建成的是一座什么样的高楼大厦；侦查人员只利用现场的某些信息，就能想象出罪犯的身高、体重、样貌等。

聪明的牧民

有这样一个民间故事。

一位外乡人因为找不到失散的伙伴，内心十分焦急。正在这时，走来了一位当地的牧民，外乡人急忙问牧民有没有看到自己的伙伴。牧民说："你的伙伴是个胖胖的瘸子吧！他牵着的骆驼有一只眼睛是瞎的，骆驼的背上驮着海枣，对不对？"

外乡人听了，高兴地说："对，对，对，这正是我的伙伴。请您快告诉我他在哪里。"牧民笑着说："请你原谅，我根本没有见到他。"听牧民这么一说，外乡人很不高兴地反问："你没有见到他，那你刚才怎么说得这么具体，又这么准确呢？"牧民一边指，一边说："你看，这是人的脚印，左边的脚印比右边的脚印深而且大一些，所以，我想象到他是一个瘸子。你再看，他的脚印比我们的脚印要深得多，所以我想象到他是一个胖子。"外乡人又问："你怎么知道他牵的骆驼瞎了一只眼睛，背上驮的是海枣呢？"牧民说："你没有看出骆驼只吃了右边的草吗？这说明它的左眼失明了。至于海枣，你看，蚂蚁聚在那里，正是海枣的浆汁把它们吸引来的。"听完牧民的分析，外乡人恍然大悟"原来如此"。

这个故事中的那位牧民能把事情讲得这么准确具体，实际上是运用了充填想象。

 创新训练

观察下图，你能想到什么？可以是事物，也可以是故事，尽情发挥你的想象，将图形的形象填充完整。

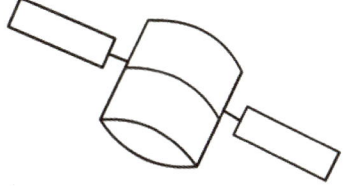

（三）纯化想象法

纯化想象是指在头脑中抛开与所面临事物无关或关系不大的事物的某些因素或部分，

只保留必须着重考察的某些因素或部分，以构成反映该事物某方面本质与规律的简单化、单纯化、理想化的形象。

例如，为了弄清一个人的血管分布，我们可以在思想上把人的皮、肉、毛发、五脏六腑及骨骼等全部舍弃，而只保留全部血管。虽然这不符合一个完整的人的真实情况，但是这样的纯化想象，对我们弄清和说明人的血管分布具有非常重要的作用。

纯化想象是科学研究中进行理想实验的重要手段。理想实验是人们在思想中塑造的理想过程，是一种逻辑推理的思维过程和理论研究的重要方法。纯化想象作为理想实验的一种主要手段，它的好处在于能使研究者在认识事物的本质和规律时，撇开研究对象复杂多变的面貌，撇开它与众多事物之间错综复杂的联系而在一种"纯粹"状态下对实验对象进行考察，从而得出科学的结论。

创新故事

意大利物理学家伽利略从关于力学的科学实验中发现，当一个小球从第一个斜面上滚下来，再滚到第二个斜面上时，小球在第二个斜面上所到达的高度，略低于它从第一个斜面滚下时的高度。

上述现象是什么原因造成的呢？

伽利略根据从实验观察到的事实和有关的力学知识判定：这是小球与斜面之间的摩擦力及空气阻力造成的。

那么，如果完全排除这种摩擦力和空气阻力，小球的运动情况又将会怎样呢？这需要进一步做科学实验，但是要完全排除这种摩擦力在现实世界中是不可能的。

于是，伽利略在头脑中进行了这样的纯化想象：小球是无限光滑的，斜面也是无限光滑的，在真空中让小球从第一个斜面滚下来，接着再滚上第二个斜面，由于阻力完全消除，小球滚上第二个斜面所达到的高度，必然与第一个斜面滚下时的高度是相等的，而且与斜面的倾斜度无关。接着他又想：如果第二个"斜面"不再有倾斜度，那么，小球从第一个斜面滚下来之后，将会沿着无限长的平面以恒定的速度运动下去，即将会"动者恒动"。伽利略的这一想象被公认是合理的，于是由此建立了运动学的第一条定律——惯性定律。

也有人将纯化想象这一创新思考方法应用到商业经营当中，并取得了良好的效果。

创新故事

在日本东京银座，有一家商店。有一天，鞋店老板面对青年人的穿戴越来越追求个性化犯了愁。他想，即便做出千万双不同特点的鞋，恐怕也难以满足众多顾客的不同爱好和要求。于是，他决定在经营方式上进行创新——让顾客自行设计鞋的式样。

　　怎样才能使对鞋的设计一窍不通的顾客，在很短的时间内就能设计出他们所需要和喜欢的鞋来呢？

　　鞋店老板考察了实际生活中各式各样有特点的鞋，包括形状、尺码、材料、款式等很多方面，然后对这些形形色色的鞋进行了一番去其具体特点的纯化想象。通过这种想象，他把鞋的长度分为13种尺寸，把鞋的宽度分为6种尺寸，于是便有了78种不同的基本鞋码。他还通过这种想象，提供了作为基本类型的鞋的14种款式、3种鞋跟高度、75种材料和60种颜色，供顾客随意选择搭配。同时，店里还配备电脑，顾客可以在显示屏上看到自己所设计的鞋的图像，不满意就立即更改。这样，顾客很快就设计出了自己满意的鞋的式样。然后，鞋店把鞋的式样和各种有关数据传送到制鞋厂，10天左右就能把鞋做好。

　　这种鞋尽管在价格上要比一般的鞋高出许多，但这一新的经营策略，仍然受到许多年轻人，特别是许多年轻女子的欢迎。

创新训练

　　依题作画：一位猎人带一只狗上山打猎，你能用三笔画出这种情景吗？

　　提示：试试将一些复杂的元素忽略或遮盖，只露出关键部分。

（四）取代想象法

　　取代想象是指采用换位思考的方法，通过揣摩和体会某人的思想情感或某事的具体情景，以谋求获得解决问题的办法或启示。

创新故事

　　美国有一位非常有名的女企业家南茜。在经营女性服装时，她针对顾客的心理成功地运用了取代想象法进行了创新。女性都希望自己身材苗条，所以到服装店购买的肥胖女性都不愿意说"我要大号的""我要特大号的"，更不愿意听到售货员说"你应该穿大号的"这类话。南茜特别理解女性的这一心理，所以她把服装的小号、中号、大号、特大号，分别命名为玛丽号、玛格丽号、伊丽莎白号和格丽丝号。她的这种做法有效地消除了肥胖顾客难以启齿的顾虑，从而促进了销售。

创新训练

　　设想一种外星人，他们的膝盖与我们的膝盖结构相反，只能朝后弯曲而不能朝前弯曲。为了让这种外星人能舒适地生活在地球上的某个房间内，我们的家具和用具应该做哪些相应的改变？请根据这个特点为他们设计一些实用的东西。

（五）预示想象法

预示想象是指根据已有的知识、经验和形象，在头脑中构成当前尚未存在，而未来可能产生的某种事物形象的过程。

创新故事

> 　　每个周一的早晨，中、小学校都要举行升国旗仪式。在升国旗仪式进行中，一般都是一边缓缓升旗，一边高唱或高奏国歌，国旗一升到旗杆的顶端，国歌正好结束，这当然是最理想的情况。可是这种情况出现的时候不多，常常是要么国歌还没奏完旗已到顶，要么是旗还没到顶国歌已经奏完或唱完。这个难题显然可以用专用的电动控制设备来解决，但为此要花费很多物力和财力，一般学校都认为没有这个必要。
>
> 　　四川省成都市第24中学的一名同学，在旗杆的绳子上动了一番脑筋，想出了一个既能解决问题，又省事省钱的好办法。他针对这个问题的解决进行了这样的想象：如果按照国歌的旋律和节奏在旗绳上定出一些间隔，再在各个间隔上填入相应的歌词，升旗时一边拉绳，一边看旗绳上的歌词，这样便能使得升旗与唱奏国歌同步进行。
>
> 　　他首先在头脑中反复进行想象，想象如何才能使升旗的速度与节奏同唱奏国歌的速度与节奏相对应，并使二者同步进行。然后，他找来一些塑料小珠子，在每个塑料珠子上写上一定的歌词，依次按一定的间隔串在旗绳上。经过若干次调整塑料珠子的间隔，反复进行试验，他终于制成了"与国歌乐曲同步的升旗绳"。

创新训练

随着科学技术的发展，到2050年，人类社会的城市、交通、生活方式、学习方式、通信方式会是什么样的呢？请用文字或图画说明你的想法。

（六）导引想象法

导引想象是指在头脑中具体细致地想象和体验自己为完成某一复杂艰巨的任务所进行的努力、任务完成后的成功情景和喜悦心情，从而调动和发挥自身潜力，以促进任务的顺利完成。

导引想象在各个领域、各个行业中的运用十分广泛，许多成功人士，在自己的奋斗史中，历经艰辛取得节节胜利，最终走向成功，都曾使用过导引想象。

创新训练

读一部好的历史小说或科幻小说，让自己陷入一种生活在过去或未来世界的错觉，这时

候，过去、未来的情景会浮现在脑中，这种感觉可以称为"时间机器的感觉"。尝试利用历史小说或科幻小说，想象自己生活在过去或未来，会是什么样的情况？会有怎样的心情？

第五讲 直觉思维训练

一、认识直觉思维

　　直觉思维是指对一个问题未经逐步分析，仅依据内在的感知迅速地对问题答案做出判断，或者在对疑难百思不得其解时，突然的"灵感"和"顿悟"，甚至对未来事物的结果有"预感""预言"等的思维形式。爱因斯坦曾经说过，"真正可贵的因素是直觉。"我们在创造发明等活动中可以凭直觉抓住思维的"闪光点"，直接了解事物的本质和规律。

直觉思维

　　1944年12月，卢森堡的战争还在继续着。这天，美国的巴顿将军凌晨4点钟就把秘书叫到办公室。秘书见他衣着不整，半穿制服半穿睡衣，知道他是刚下床有重要事情要口授。果不出其所料，原来巴顿将军刚刚想到德军可能会在圣诞节时在某个地点发起进攻，而圣诞节就是今天。所以，他决定先发制人，于是向秘书口授了作战命令。果然，几乎就在美军发起攻击的同时，德军也发动了进攻。由于美军先发制人、有所准备，才遏制住了德军的进攻。过了一两天，巴顿将军在同秘书谈话时，回想起那天早晨获得的灵感而洋洋得意地笑着说："老实对你说吧，那天我一点也不知道德军要来进攻。"据《巴顿将军》一书记载，后来巴顿曾两次谈到这次军事行动源于他在早上三点无缘无故地醒来，是他直觉使然的一大战果。

　　直觉思维在许多重大的科学创造中起过关键性的作用。很多情况下，科学家对某些突然出现的现象提出猜想和假说都属于直觉思维。阿基米德在浴缸洗澡时突然发现浮力定律，达尔文在阅读马尔萨斯《人口论》时提出"自然选择理论"，魏格纳在看地图时突然闪现出"大陆漂移"观念等。这些都是直觉思维的典型例证。

　　逻辑思维固然重要，但有时很多成功要靠直觉思维而非逻辑思维。心理分析大师弗洛伊德曾有过这样的观点："做小决定时，应当依靠你的理性，把利弊罗列出来，分析并做出正确的决定；当做大的决定，如寻找终身伴侣或决定职业发展方向时，你就应该依靠你的

潜意识，因为这么重要的决定必须以心灵深处的最大需要为依据。"即听从内心的召唤，跟着感觉走。

二、直觉思维的特征

直觉思维是人类的一种基本思维方式，它凭借个体独特的直觉能力，根据对事物产生的整体智力图像，直接把握事物的本质和规律。直觉思维具有直接性、预见性、突发性、坚信性、跳跃性和或然性的特征。

（一）直接性

直觉思维是一种不受固定逻辑规则所束缚的思维方式。它不依赖严格的证明过程，也不需要一步步的分析过程，而是以直接的、跨越式的方式直接获取答案的思维过程。所以，直接性是直觉思维最基本和最显著的特征。哲学家斯宾诺莎认为："直接性是一种高于推理并完成推理的理智能力。"哲学家康德认为："直接性是直接理解的感受。"

（二）预见性

预见性是指对于事物的发展趋势及其结果的预见性，即对新事物、新理论出现的一种预感。这种预感，无须经过详细的研究和周密的论证，而是直觉感到就是如此。

> **创新故事**
>
> 美籍华裔物理学家丁肇中在谈到"J"粒子的发现时写道："1972 年，我感到很可能存在许多有光的而又比较重的粒子，然而理论上并没有预言这些粒子的存在。我直观上感到没有理由认为这种较重的发光的粒子（简称重光子）也一定比质子轻。"这就是直觉。在这种直觉的驱使下，丁肇中决定研究重光子，从而发现了"J"粒子，并因此获得了诺贝尔物理学奖。

（三）突发性

直觉思维的过程极短，稍纵即逝，犹如闪电，其所获得的结果是出乎意料的。突发性在理解问题时常常表现为顿悟。

（四）坚信性

主体以直觉思维得出结论时，理智清楚，意识明确，这使直觉有别于冲动性行为。主体对直觉结果的正确性或真理性具有本能的信念（但这并不意味着取消进一步分析加工和实验验证的必要性）。

 创新故事

　　居里夫人在深入研究铀射线的过程中，凭直觉感到，射线是一种原子的特性，除铀外，还会有别的物质也具有这种特性。因此，她马上放下对铀的研究，开始检查所有已知的化学物质，不久就发现了另外一种物质——钍。与铀相似，钍也能自发发出射线。居里夫人提议把这种特性叫作放射性，把铀和钍这些元素叫作放射性元素。

　　这种放射性使居里夫人着了迷，她检查全部的已知元素，发现只有铀和钍有放射性。她又开始测量矿物的放射性，在一种不含铀和钍的矿物中测量到了新的放射性，而且这种放射性比铀和钍的放射性要强得多。凭直觉，她大胆地假定：这些矿物中一定含有一种放射性物质，它是目前还不为人所知的一种化学元素。有一天，居里夫人用一种勉强克制着激动的声音对姐姐布罗妮雅说："你知道，我不能解释的那种辐射，是由一种未知的化学元素产生的……这种元素一定存在，只要去找出来就行了！我确信它存在！我对一些物理学家谈到过，他们都认为是实验的错误，并且劝我们谨慎。但是我坚信我没有弄错。"

　　在这种信念的驱使下，居里夫人终于和她的丈夫一起发现了新的放射性元素：钋和镭。居里夫人还以她杰出的研究成果，两次获得诺贝尔奖。

（五）跳跃性

　　在认知过程中，逻辑思维是以常规的方式按步骤展现的。而直觉思维不受逻辑规则的束缚，常常打破既有的逻辑规则，提出一些反逻辑的创造性思想。所以，直觉思维一旦出现，便摆脱了常规的束缚，从而产生认知过程的急速飞跃和渐进性中断。

（六）或然性

　　非逻辑的直觉是非必然的，即有可能正确，也有可能错误。即便对于直觉思维能力较强的科学家来说，直觉思维正确的可能性较大，但也可能出错。许多科学家都承认这一点，爱因斯坦在高度评价直觉在科学创造中的作用时，也没有把它看作万能灵药。

三、直觉思维的基本内容

　　直觉思维的基本内容，是指直觉思维过程中所包含的几种不同的表现形态。一般认为，直觉思维的基本内容包括直觉的判断、直觉的想象、直觉的启发三个方面。

（一）直觉的判断

　　直觉的判断是人脑对客观存在的客体、现象、符号及其相互关系的一种迅速的识别、

直接的理解和综合的判断，即人们通常所说的洞察力。例如，我们觉得某个句子不通顺，但我们并没有用语法去分析，这就是一种直接的觉察和判断；素未谋面者初次相遇，往往会觉得对方或心胸开阔，或城府深不可测，一般都是凭直觉。直觉的判断不是分析性的，不是按部就班地进行逻辑推理得出的，而是对问题所做的一种直接的判断和整体的把握。

（二）直觉的想象

在许多情况下，人们并不能仅仅根据所面临的实物、符号或情境做出上述直觉的判断。外界所提供的信息不充分、不全面，具有许多空白地带。因而单凭这些有限的信息很难做出判断，这就需要借助想象和猜测，形成一个大致的判断，即用创造性的想象力去理解和连贯看似毫不相关的纷杂事物。创造性的想象力可以把隐匿于人的潜意识之中的"潜知"激活、调动起来，并与已知的思维元素形成一种新的联系，弥补信息的空白地带，从而形成一个完整的思维图像。

科学家常常需要通过直觉想象来填补现实的空白，以建立科学的假说。例如，牛顿发明微积分，曾经得力于他的几何与运动的直觉想象；德国数学家明可夫斯基借助直觉思维，将三维空间和一维时间联系在一起，提出了四维时空的表达式。

（三）直觉的启发

悬而未决的问题，偶然在某一时刻，在与问题无关的另一信息中受到启发，从而使问题得到了解决，这就是直觉的启发。直觉的启发，就是在某种外部信息刺激下产生的联想。这种信息刺激可以是实物载体所载的信息，也可以是语言载体所载的信息。例如，牛顿从苹果坠地中找到了解决引力问题的线索，这是实物载体的信息刺激；达尔文在阅读马尔萨斯的《人口论》时，豁然明白了"生物为什么要进化"这个问题，这是文字载体的信息刺激。

保险箱的密码

梅里美是一名出色的特工。一次，他接受了一项任务——潜入某使馆获取一份间谍名单。这是一个艰巨而棘手的任务，因为此名单放在一个密码保险箱内，梅里美只有想方设法获知密码，才能打开保险箱安全返回，否则不但任务完不成而且还将暴露自己。据可靠情报透露，保险箱的密码只有老奸巨猾的格力高里知道。于是梅里美在其所在机构的安排下进入使馆成为格力高里的秘书，他凭着自己的才智逐步获得了格力高里的信任。可是，尽管如此，格力高里始终没提过保险箱密码一事。梅里美多次试探打听也毫

无结果，这时上级已经下达命令，限梅里美在三天时间内交出间谍名单。梅里美焦急万分，到了最后一天的晚上他决定铤而走险。

梅里美进入格力高里的办公室，试图用自己掌握的解密码技术打开保险箱，可是一阵忙碌之后他发现一切都是徒劳，一看表发现离警卫巡查的时间仅剩十分钟了。怎么办？突然，他的目光盯在了墙上高挂着的一部旧式挂钟，挂钟的指针都分别指向一个数字，而且从来没有变过。梅里美猛然想起自己曾经问过格力高里是否需要修钟，格力高里摇头说自己年龄大了，记性不好，这样设置挂钟是为了纪念一个特殊的时刻。想到这，梅里美热血沸腾，他立即按照钟面上指针指定的数字在关键的几分钟内打开保险箱拿到了名单。

科学家把梅里美这种"急智"称为"直觉"或"直感"，这种思维方式是与逻辑思维相对应的。让我们来分析一下梅里美成功获取间谍名单的原因。

首先，梅里美是一名经验丰富的优秀特工，他具备丰富的反间谍知识。其次，鉴于格力高里的特点——年纪较大，老奸巨猾，像密码这类重要文件应该是随身携带或放于一隐秘处，但是格力高里的阅历使他更高一筹，他用一部普通的挂钟就锁住了机密。另外，梅里美梦寐以求的就是密码，所以在紧要关头他才能从挂钟上领悟到玄机。这得益于直觉的启发。

直觉的判断、想象和启发，在实际的直觉思维过程中是难以截然分开的，它们常常结合于一个统一的思维过程之中，有时几乎是同时进行的。直觉思维最基本的表现形态是直觉的判断，直觉的想象和直觉的启发最终也总要以判断的形式出现。

创新测试

你的直觉思维如何呢？下面我们一起来测试一下吧。

序号	题目	是	否
1	在猜谜语游戏中你是否成绩不错？		
2	你的运气是否很好？		
3	你是否对曾经看到的一幢房子感到合适与舒适？		
4	你是否常会一见某个人，便感到十分了解他（她）？		
5	你是否经常一拿起电话便知道对方是谁？		
6	你是否经常听到某些"启示"的声音，告诉你应该做些什么？		
7	你是否相信命运？		
8	你是否经常在别人说话之前，便知道其内容？		
9	你是否有过噩梦变成事实的经历？		

表（续）

序号	题目	是	否
10	你是否经常在拆信之前，便已知道其内容？		
11	你是否经常替其他人把话说完？		
12	你是否经常有这种经历：有段时间未能听到某一个人的消息了，正当你在思念之时，又忽然接到他（她）的信件、明信片或电话？		
13	你是否无缘无故地不信任别人？		
14	你是否为自己对别人第一印象的准确判断而感到骄傲？		
15	你是否常有似曾相识的经历？		
16	你是否经常在登机或旅行之前，因害怕该航班或乘坐的交通工具出事，而临时改变旅行计划？		
17	你是否在半夜里因担心亲友的健康或安全而忽然惊醒？		
18	你是否无缘无故地讨厌某些人？		
19	你是否一见某件衣服，就感到非得到它不可？		
20	你是否相信"一见钟情"？		

【解析】

以上题目，如果回答"是"则计 1 分，否则计 0 分。累计所得分数，并按如下标准进行评价。

（1）10～20 分，你有很强的直觉思维和惊人的判断力。当你将直觉思维用于创新时一定会取得巨大成功。

（2）1～9 分，你有一定的直觉思维，但却不善于运用它，常常让它自生自灭。所以，今后你应该加强对它的培养，让它成为你事业的好帮手。

（3）0 分，你没有直觉思维，你应该试着按直觉办事，发展自己的直觉思维。

四、直觉思维的培养与训练

直觉思维能把沉积在潜意识中的思维成果同显意识中待解决的问题相联系，从而使问题得到突发式、顿悟式的解决。科学证明，直觉思维是人类的一种基本思维方式，对人类的创新与发展具有十分重要的意义。所以，培养与训练直觉思维非常重要。

创新故事

有一名学生在栽培辣椒苗时，用细铁丝捆住了弯曲的辣椒茎秆。后来，他意外地发现这棵被细铁丝缚住的辣椒的结果率高于未被缚住的辣椒植株。他凭直觉感到这一现象绝非偶然，一定有它的科学性。他抓住这一直觉，在老师的帮助下，有意识地进行了实

验：以两排辣椒植株作为实验对象，一排辣椒均用细铁丝缚住茎秆，另一排则不缚。实验结果证实，这名同学的直觉是正确的。原来，用细铁丝缚住植株茎秆，有效地抑制了光合产物的向下运输，使果实生长所需的营养进一步得到保证，从而提高了辣椒的产果率，增加了产量。

（一）直觉思维的培养

直觉思维在创造发明过程中的作用是无法取代的。那么，我们应如何培养直觉思维呢？

1. 获取广博的知识和丰富的生活经验

直觉的产生不是无缘无故、毫无根基的，而是凭借人们已有的知识和经验才得以出现的。因此，直觉往往比较偏爱知识渊博、经验丰富的人。从这种意义上说，获取广博的知识和丰富的生活经验是强化直觉的基础，或者至少应具备从事本专业或本领域所需的丰富知识。

"玉不琢，不成器；人不学，不知道。"知识是每个人成才的基石。通过学习知识，掌握事物发展规律，通晓天下道理，丰富学识，增长见识，让各种知识发生碰撞，才会产生创新的可能。

创新故事

在《福尔摩斯探案全集》的第一集里，华生医生给福尔摩斯列出的整个知识构成如下。

文学知识：没有。

哲学知识：没有。

天文学知识：没有。

政治学知识：浅薄。

植物学知识：不全面；但是对银铛之技和鸦片却知之甚详；对毒剂有一般的了解，但对于园艺学却一无所知。

地质学知识：偏于实用，但也有限；但他一眼就能分辨出不同的土质；他散步回来后，曾通过分析溅在他裤子上的泥点，即根据这些泥点的颜色和坚实的程度来判断，这些泥点是在伦敦的哪个地方溅上的。

化学知识：精深。

解剖学知识：准确，但无系统。

惊险文学：很广博，他似乎对近 1 个世纪发生的一切恐怖事件都了如指掌。

音乐：提琴拉得很好。

武术：擅使棍棒，也精于刀剑拳术。

英国法律：具有充分的实用知识。

这就是名探福尔摩斯的知识构成。作为一个侦探，这些知识对他来说足够了。因为这些知识正是他所从事的职业需要的，所以他能够成为举世闻名的神探。如果福尔摩斯选择从政，按照他的知识构成，这个世界上肯定不会出现一个独一无二的政治家福尔摩斯。

需要注意的是，直觉思维与逻辑思维是互补的关系。在一个问题的解决过程中，当逻辑思维方式难以起作用时，直觉思维的作用便会凸显。而在直觉思维的探索取得初步成果之后，则需要借助逻辑思维去验证。因此可以说，直觉思维和逻辑思维是创新进步的一对翅膀。我们必须高度重视直觉思维的培养，但也不能绝对化、片面化。

2．学会倾听直觉的呼声

直觉思维凭的是"直接的感觉"，但又不是感性认识。人们平常说的"跟着感觉走"，其中除去表面的成分以外，剩下的就是直觉的因素。直觉需要你去细心体会、领悟，去倾听它的呼声。当直觉出现时，你不必迟疑，更不能压抑，要顺其自然，顺水推舟，做出判断，得出结论。

创新测试

从下面这幅图，你看到了什么？

3．培养敏锐的观察力

直觉与人们的观察力及视角息息相关。观察力敏锐的人，其直觉出现的概率更高，直抵事物本质的效果更强。因此，要有意识地培养和提高自己的观察力，特别是提高对那些不太明显的软事实，如印象、感觉、趋势、情绪等无形事物的观察力。

 创新测试

从下面这幅图，你能看到多少张脸呢？

4. 真诚、客观地对待直觉

直觉虽然是凭借人们已有的知识及经验，即凭"直接的感觉"产生的，但却常常会受到客观环境的影响及个人情感的干扰。特别是后者，当一个人处在某种情感，如猜忌、埋怨、愤怒等的困扰中时，直觉的判断就有可能失去客观性。因此，我们要真诚地对待直觉，产生直觉的过程要尽量排除各种影响和干扰，出现直觉后，要回过头来冷静地分析其客观性。

 创新测试

下面这幅画，你凭直觉第一眼看上去是什么？

有些男人，性格中有女人的特质；有些女人，性格中有男人的特质。凡是第一眼看到是鸭子的，就是男人特质多一点；凡是第一眼看到是兔子的，就是女人特质多一点。

（二）直觉思维的训练方法

具体来讲，我们可以在生活当中尝试用以下方法来训练我们的直觉思维。

（1）放松。

把右手的食指轻轻地放在鼻翼右侧，产生一种舒服地洗温水澡的感觉，或仰面躺在碧野上凝视晴空的感觉，以此进行自我放松。这样有利于右脑机能的改善，有利于直觉的降临。

（2）回想。

尽量形象地回想以往美好愉快的情景，这对促进大脑中海马体的记忆功能有积极效果。训练时间以 2～3 分钟为宜。

（3）想象。

根据自己的心愿去想象所希望的未来前景，在头脑中形成关于未来的美好画面，努力感受自己就身在其中。开始的时候闭眼做，习惯之后可睁眼做。

（4）听古典音乐。

听莫扎特的曲子，直接体会他的感情，会使直觉变得敏锐。我国的《梁祝协奏曲》《平湖秋月》等古典乐曲，最适合镇定焦躁的心情和作为思考问题时的伴音。

（5）使用指尖。

使用指尖打玻璃弹珠需要速断力，可通过这种方法培养"秒的直觉力"。

（6）进行自由联想。

将空中飘浮不定的朵朵白云，想象成各种形象，这能提高进行逻辑思考的左脑和海马体的记忆功能，进而提高思维的集中能力。

（7）用左手拿筷子。

不妨先试两天用左手拿筷子，然后中间休息一天，再继续两天，坚持一个月左右，以此来开发右脑。

（8）在书店立读。

即使忙得不可开交，也要抽空逛逛书店，牢牢地盯着目录来推想书中写了什么。

（9）向似乎办不到的事情发起挑战。

有时，直觉是在被逼得走投无路时突然产生的，不要惧怕艰难的工作，要勇敢地去挑战。

（10）捡拾童心。

回想幼儿时期唱过的歌谣、玩过的游戏，并描绘出当时的情景，这有助于增强记忆源泉——海马体的功能。

第六讲 灵感思维训练

一、认识灵感思维

灵感思维又称顿悟，是人们借助直觉启示所猝然迸发的一种领悟或理解的思维形式。诗人、文学家的"神来之笔"，军事指挥家的"出奇制胜"，思想战略家的"豁然贯通"，科学家、发明家的"茅塞顿开"等，都是灵感思维的体现。现代科学研究表明，灵感思维是大脑的一项特殊技能，是思维发展到高级阶段的产物，是人脑的一种高级感知能力。灵感来自信息的诱导、经验的积累、联想的升

灵感思维

华、事业心的催化等。每个人都会有灵感，在日常生活和工作中，我们经常会有灵感迸发。有些人懂得记录和使用这些灵感，人们就会给予他悟性高、有灵气、高智商等赞誉。

创新故事

> 相传，古希腊叙拉古赫农王让工匠替他做了一顶纯金的王冠。但是在王冠做好后，国王怀疑工匠做的金冠并非全金，但这顶金冠确与当初交给金匠的纯金一样重。工匠到底有没有私吞黄金呢？既想检验工匠是否私吞了黄金，又不能破坏王冠，这个问题不仅难倒了国王，也使大臣们面面相觑。经一大臣提议，国王请来阿基米德检验。阿基米德也是冥思苦想却无计可施。
>
> 一天，阿基米德在家洗澡，当他坐进澡盆里时，看到水往外溢，同时感到身体被轻轻托起。他突然悟到可以用测定固体排水量的办法，来确定金冠的比重。他兴奋地跳出澡盆，连衣服都顾不得穿就跑了出去，大声喊着："我知道了！我知道了！"
>
> 经过进一步的实验后，阿基米德来到了王宫，他把王冠和同等重量的纯金放在盛满水的两个盆里，比较两盆溢出来的水量，结果发现放王冠的盆里溢出来的水比另一盆多。这就说明王冠的体积比同等重量的纯金的体积大，由此证明王冠里掺进了其他金属。
>
> 这次实验的意义远远大过查出工匠欺骗国王，更重要的是阿基米德从中发现了浮力定律，即物体在液体中所获得的浮力，等于它所排出液体的重力。直到现在，人们还在利用这个原理计算物体比重和测定船舶载重量等。

二、灵感思维的特征

与其他思维形式相比，灵感思维具有突发性、偶然性和模糊性的特征。

（一）突发性

灵感往往会在出其不意的刹那间出现，从而使长期苦思冥想的问题突然得到解决。在时间上，它不期而至、突如其来；在效果上，令人意想不到、拨云见日。突发性是灵感思维最突出的特点。

（二）偶然性

灵感在什么时间、什么地点或在哪种条件下会出现，都使人难以预测。因此，灵感思维具有很大的偶然性，往往给人以"有心栽花花不开，无意插柳柳成荫"之感。从这一点上来说，灵感是可遇而不可求的。它不依主观需要和希望而产生。

创新故事

> ### 蛋卷冰激凌的由来
>
> 1904 年世界博览会在美国路易斯州举行，组委会允许商贩在会场外摆摊设点。一个叫欧内斯特·汉威的小贩设摊出售一种很薄的鸡蛋饼。这种鸡蛋饼可以和其他甜食一起食用。在他的小摊旁边，是一个卖冰淇淋的摊位。由于天气非常炎热，所以很多人来买冰淇淋吃。很快装冰淇淋的纸碟子就用完了。眼看就要失去赚钱的大好机会，卖冰淇淋的小贩一时不知该怎么办了，"回家去拿吧，那么多顾客在等着；附近又买不到小碟子，有什么办法能解燃眉之急呢？"热心的汉威看出了卖冰淇淋小贩的心事，也在一旁替他着急。突然，汉威灵机一动，把自己的热煎饼卷成锥形，对卖冰淇淋的小贩说："伙计，用这个代替小碟怎么样？""这种热煎饼能盛冷的东西吗？"卖冰淇淋的小贩犹豫不决。"试试看吧！""眼下又没有碟子，只能这样了。"卖冰淇淋的小贩想道。于是，他试着把冰淇淋盛在锥形煎饼内出售。结果冷的冰淇淋和热的煎饼巧妙地结合在一起，受到了人们的热烈欢迎。后来人们觉得这样弄很麻烦，工厂就将蛋卷换成威化，并且直接批量生产。这就是蛋卷冰淇淋的由来。

（三）模糊性

灵感是在不清晰的主观意识下产生的，即它不遵循常规逻辑的思维过程，而且灵感的

产生往往是闪现式的、稍纵即逝的。所以，灵感思维产生的程序、规则与过程等都不是自我意识能清晰意识到的，而是模糊不清、只可意会不可言传的。

三、灵感思维的训练方法

灵感思维比起其他思维方式，会让人觉得有一种看不见、摸不着的不确定性，显得有些神秘。事实上任何一个非常专注于某一问题的人，都会在某种刺激下受到启发获得灵感，关键在于我们是否将启发与现实联系起来。

（一）长期准备，蓄势待发

灵感不是天上掉下来的，而是人脑进行创造性活动的产物。对问题长期进行探讨，是捕获灵感的最基本条件。

德国著名科学家黑姆霍兹在心理学、生理学、物理学等几个科学领域都有着重要发现和发明。他在自己 70 岁生日的宴会上，报告他对创造性工作的灵感问题时说："就我的经验而谈……首先，必须始终把问题在一切方面翻来覆去地考虑，弄到我'在头脑里'掌握了这个问题的一切角度和复杂方面，能够不用写出来而自如地从头想到尾。"通常，没有长久的预备活动而要达到这一地步是不可能的。

📐 创新故事

在日本创造学界有一位川喜田二郎先生，他时时处处都带着笔和纸条，随时随地把头脑中产生的新想法、新感受、新认识记录下来。几年时间下来，当纸条积累了上千张以后，他试着将这些纸条根据自然属性进行分类处理。他将凡是接近的议题结合在一块，并依照其内容重新写出主题。经过反复的重组，最终得出符合客观实际的结论。由此他发明了一种称为"KJ法"的创造方法。

"KJ法"是一种将灵感积累起来进行统一处理的方法，而很多人却更关注那一闪而来的创新灵感。其实，绝大多数灵感不是凭空而来的。灵感往往是当事人日思夜想后的豁然开朗，也许用"日有所思，夜有所梦"来形容那些创新发明者在顿悟之前所投入的心血是较为恰当的。

（二）珍惜时机，暂时搁置

许多科学家和艺术家的事例表明，灵感往往在经过长期的、紧张的思索之后的暂时松弛的状态下产生。例如，临睡前、散步时、上下班的路上，在穿衣服、洗澡、上厕所时，在从事轻快的活动时，在花园里赏花搞园艺时，在打高尔夫球、听音乐、钓鱼时，在幻想时，在与人讨论、交谈、争辩时，甚至在睡眠或养病中时。

一夜酣睡之后的早上，是不少科学家和艺术家灵感光临的大好时光。苏格兰诗人和小说家司各脱说："我的一生证明，睡醒和起床之间的半小时内非常有助于我创造性的任何工作。期待的想法，总是在我一睁眼的时候大量涌现。"科学家黑姆霍兹也说过："灵感往往在早晨当我醒来时就有了"。

所以，当你遇到难以解决的问题或难以攻克的难关，而又百思不得其解时，不要勉强，索性放下，可以尝试放松一下，去跑步，从事一项体力劳动等，转移注意力。你就可能会在某种因素的刺激下，也可能在某个清晨或黄昏，无意中找到线索，解开久攻不下的难题。

创新训练

记录自己未来一周的梦境，看看从中可以得到什么规律，能够获得什么启示？

（三）原型启发，触类旁通

原型启发在创造发明中起着很大的作用。启发是指从其他事物中获得的解决问题的灵感。起了启发作用的事物，叫作原型。很多事物都能成为原型，如自然现象、日常用品、机器、示意图、文字描述、口头提问等。

原型启发的事例在创造发明的历史中屡见不鲜。飞鸟启发飞机的发明；木梳启发插秧机的发明；格尔塞在啤酒店受啤酒气泡溢出的启示，构想出了物理实验中"液态气泡室"模型；威尔逊看到太阳照耀在山顶云层上所产生的光环，受到启发后制成了云雾室（一种研究放射性物质的仪器）。

创新故事

1764年的一天，木工哈格里沃斯与以往一样，又为纺纱机的发明问题伤了一整天脑筋。傍晚，他疲倦地站了起来，打算暂时丢开这个恼人的问题去做点家务。可是他一不小心，一脚将妻子的纺车弄倒了。这时，一个现象竟使他看呆了：原来水平放置的纺锤倒过来以后变成垂直竖立的了，但却依旧可以在那里转动。哈格里沃斯由此想到，既然纺锤在垂直状态下仍能转动，那么在纺纱机上并排垂直装上几个纺锤，不就可以一次纺出好几根纱来了吗？就这样，他试制成功了新型的"珍妮纺纱机"，大大提高了纺纱效率。

此外，触类旁通也是捕捉灵感的一个重要途径。这就需要思维主体同实际广泛接触，并具有深刻的洞察能力，能把表面上看起来完全不相干的两件事联系起来，进行内在功能或机制上的类比、联想和分析，从而获得解决问题的办法。

（四）摆脱惯性，自由遐想

形形色色的发明创造，都需要发明者摆脱习惯性思维程序的束缚，有意识地放开思路，自由地遐想，甚至异想天开，经过无数的不合逻辑的推理、组合，就可能引发非常有价值的灵感。

创新故事

> 一个教授向一群学生出了这样一道题：一个聋哑人到五金商店买钉子，他先用左手做持钉状，捏着两只手指放在柜台上，然后右手作捶打状。售货员先递过一把锤子，聋哑人摇了摇头，指了指做持钉状的两只手指，这回售货员终于拿对了。这时，又来了一位盲人顾客……"同学们，你们能否想象一下，盲人如何用最简单的方法买到一把剪子？"教授这样问他的学生。很快，有个学生举手回答："很简单，只要伸出两个手指，模仿剪刀剪布的模样就可以了。"这个学生答完，全班同学表示同意。这时，教授说："其实盲人只要开口说一声就行了。"

（五）携带纸笔，追踪记录

一旦灵感跃入脑际，就要紧紧追踪，迅速将思维推向高潮，以形成较为完整的灵感信息，并且要随时携带笔和纸，及时将转瞬即逝的灵感记录下来。

爱因斯坦有一次在朋友家里吃饭时，与主人讨论问题，忽然间来了灵感。他提起钢笔，在口袋里找纸，一时没有找到，于是就在主人家的新桌布上写起了公式。

英国文学史上著名女作家艾米莉·勃朗特在年轻的时候，除了创作小说，还要承担全家繁重的家务劳动，例如烤面包、做菜、洗衣服等。她在厨房劳动的时候，每次都随身携带铅笔和纸张，一有空隙，就立刻把脑子里涌现出来的思想写下来，然后再继续做饭。

美国生理学家坎农在青年时候，经常借助于纸笔记录灵感。他这样说道："把纸墨放在手边，便于捕捉这些倏忽即逝的思想，以免被淡忘。"

（六）乐观镇静，急中生智

焦虑不安、悲观失望、情绪波动，都能降低人们的智力活动水平，特别是影响创造性活动的进行。在这些负面的情绪状态下，是难以产生灵感的。心胸开阔、乐观的情绪易使人们浮想联翩，思维活跃，灵感往往在这种状态下光顾。黑姆霍兹说："在紧张思考之后的安闲自在时刻，灵感就会到来。"

创新故事

> 迪斯尼曾一度从事美术设计，后来他失业了。本来他和妻子住在一间老鼠横行的公

寓里。但失业后，因付不起房租，夫妇俩被迫搬出了公寓。

一天，二人呆坐在公园的长椅上，正当他们一筹莫展时，突然从迪斯尼的行李包中钻出一只小老鼠。望着老鼠机灵滑稽的面孔，夫妻俩觉得非常有趣，心情一下子就变得愉快了，反而忘记了烦恼和苦闷。这时，迪斯尼头脑中突然闪过一个念头，他惊喜地对妻子大声说道："我想到好主意了！世界上有很多人像我们一样穷困潦倒，他们肯定都很苦闷。我要把小老鼠可爱的面孔画成漫画，让千千万万的人从小老鼠的形象中得到安慰和快乐。"就这样，至今依旧风靡世界的"米老鼠"诞生了。

在危急紧迫的情况下，保持镇静，就能急中生智，头脑中就会闪现出所思考问题的答案或启示。曹植的《七步诗》："煮豆燃豆萁，豆在釜中泣，本是同根生，相煎何太急。"就是在曹丕逼迫之时，急中生智所作的。

创新训练

假如你是一个聋哑人，走过西瓜地时看见卖西瓜的老汉所在的房子马上要倒了，怎样才能使老汉主动走出危房？

 创新活动营

创新小剧场

活动描述： 全班学生分组，以"创新因……（从发散思维、聚合思维、联想思维、想象思维、直觉思维和灵感思维中进行选择）"为主题，进行创新情景剧表演。

活动目标： 通过表演情景剧，让学生体验各种思维形式在创新中的作用。

活动步骤：

1. 将学生分为8组，每组选出1名小组长，每个小组起一个名字。

2. 各小组根据对本专题所学到的各种思维形式的理解，在小组长的带领下，合理分工，自编自导，排练情景剧。

3. 从全班学生中选出1名主持人，组织所有小组参加表演比赛。

4. 除本组外的其他组小组长为评委，对各小组的情景剧进行打分，评分标准如表4-1所示。除去最高分和最低分，取剩余评分的平均分作为比赛结果，按平均分的高低排出名次，并设置一等奖1名，二等奖2名，三等奖3名。老师可根据情况适当设置奖品。

表4-1　评分标准

评价项目	评分标准	得　分
内容 （25分）	内容紧扣主题，能鲜明地表现出所体现的思维形式，格调积极向上，富有真情实感	
表演 （25分）	声音洪亮，口齿清晰，语速适当，表达流畅，表情到位，动作恰当，情节衔接安排和时间节奏掌握合理	
创新 （25分）	剧情独特，语言风格新颖，引人入胜，具有观赏性	
形象 （15分）	服饰恰当，妆容贴合，举止自然、得体，切合情景	
道具 （10分）	具备一定的道具，使场面真实生动	
总　分		

 树德创新

一个"拥抱"拯救了十五万早产儿

由于没有保温设备，每年有接近四百万早产儿活不过第一个月，特别是在那些贫困国家或地区。例如，在印度、孟加拉等国家，因为公立医院较少，所以很多幼小而脆弱的生命在去往医院的长途跋涉中，或因无法得到合适的照顾，或因父母无法支付高昂的保育箱使用费而凋零了。

为了保住这些初生的早产儿，一个由三个不同专业背景的学生组成的创新团队将一个课堂作业用于实践，改变了这一切。该团队制造出一款安全、便捷、价格低廉的婴儿保温袋，并取名为"拥抱"。

该团队首先搜集了有关早产婴儿夭折的资料，并且到访孟加拉国的大型医院。通过实地调研，他们发现，虽然婴儿保育箱的价格偏高，但很多机构会向医院捐赠。然而，医院的保育箱内却没有婴儿。经过探访农村家庭，他们发现，由于交通不便，母亲们从家里到医院会花费大量时间。本来就很脆弱的婴儿，在去医院的途中很可能已经去世了。因此，该团队意识到设计一个更加便宜的婴儿保育箱并没有什么意义。他们需要设计的是一种能够帮助运输婴儿的保温袋。

基于此，团队重新定义了他们要解决的问题，即设计和提供一个婴儿保暖装置，帮助偏远地区的母亲让早产儿活下来，而不是帮助医院。团队经过头脑风暴，做出了100多个产品原型，并最终确定了一个方案。他们把"保育器"设计成了一个很像襁褓的小睡袋，外面是全防水、易消毒的特殊布料。只要把保暖材料放进睡袋背后的夹层里，就形成了一个能持续保温的小恒温箱。他们选定的这种保暖材料，形态像蜡，熔点只有37摄氏度，

恰好是人的体温，热水就可以很方便地将其熔化。每加热一次，就可以持续温暖新生儿四到六个小时，可以保护初生儿度过危险期，而且操作简便。

一个娇小的早产儿被包在名为"拥抱"的保温袋里，自由地呼吸。这画面令人感动不已。据估计，目前"拥抱"已拯救和帮助了超过十五万的早产儿。

【点拨】"拥抱"团队将课堂作业转变成挽救超过十五万小生命的原动力是博爱的济世情怀。今天，强烈的社会责任感和以人为本的人文关怀也是创新的基本素质要求。所以，我们学方法、用技巧，努力创新，应以造福社会为立足点。

专题五

打开创新思维工具箱

内容提要

　　荀子在《劝学篇》中讲到，"君子性非异也，善假于物也。"在生活中，善用各种工具能够极大地提高我们的效率，在创新中亦是如此。在掌握了创新思维的基本知识后，让我们打开创新思维的工具箱，借助创新工具，来解决复杂而棘手的问题，实现创新吧！

 第一讲　思维导图，开启全脑思维新时代

一、认识思维导图

　　思维导图（The Mind Map）是用图表现大脑思考和产生想法的思维工具。它简单有效，能够将大脑内部运作的过程进行外化呈现，是东尼·博赞发明的一种实用的思维工具。

扫一扫

思维导图记忆法

　　思维导图利用图文把各级主题的关系用层级图表现出来，将主题关键词与图像、颜色等建立记忆连接。它充分运用左右脑的机能，并且利用记忆、阅读、思考的规律，协助人们在科学与艺术、逻辑与想象之间平衡发展。思维导图可以广泛应用到所有的认知领域，从而开启人类大脑的无限潜能。因此，思维导图是目前最受人们推崇的全脑思维工具。

创新故事

请在 30 秒内，将下面的 24 个词语记忆下来：樱桃园、香蕉、桑葚、月亮、樱桃、开花、果核、加勒比海盗、丝绸之路、橘子、蚕、采桑子、钾、苹果、特洛伊战争、海伦、乔布斯、馅饼、果汁、柑橘类、维生素 C、变态发育、草木灰、晏子。

用常规方法在短时间内似乎很难记忆这些看似毫无关联的词语，但是当我们运用思维导图厘清词语之间的关系并将其图像化后，记忆的难度便降低了很多，如图 5-1 所示。

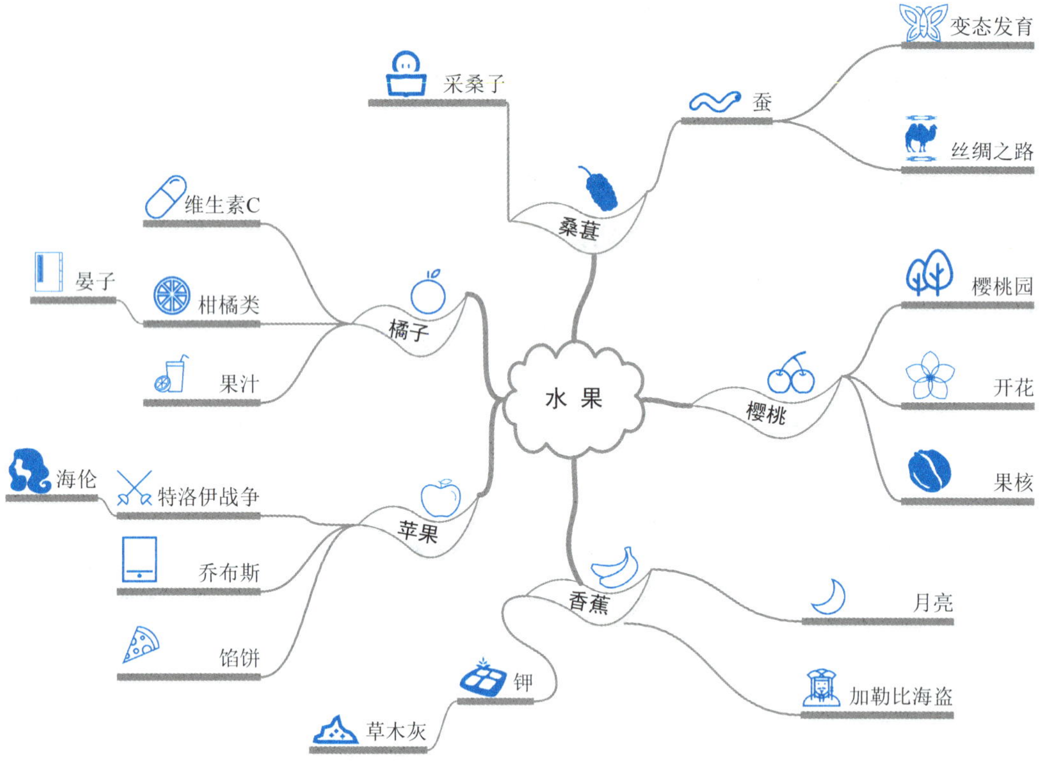

图 5-1 思维导图

二、绘制思维导图

思维导图总是从一个中心点开始，每个与中心点相关的词语或图像都成为一个子中心或者联想，整个导图以一种无穷无尽的分支链的形式从中心向四周放射，回归于一个共同的中心。它利用左右脑的功能，借助图像、符号、文字、线条，不但可以帮助我们记忆、增强我们的创造力，也让我们的学习更加轻松有趣。

下面让我们来学习思维导图的绘制吧！

（一）绘制思维导图的步骤

绘制思维导图的工具很简单，只需要一张纸和几支彩笔。具体步骤如下。

（1）从一张白纸（建议横放）的中心开始绘制，周围留出空白。

（2）用一幅图表达中心主题，并将其画在白纸中心的位置。

（3）在绘制的过程中注意使用颜色，使整个画面形象生动，富有色彩。

（4）将中心图像和主要分支连接起来，然后再把主要分支和二级分支连接起来，再把三级分支和二级分支连接起来，以此类推。

（5）让思维导图的分支自然弯曲而不是一条直线。

（6）尽量使用图形。

思维导图制作完成后，可以在使用的过程中不断地修改和完善。现在，我们还可以利用一些计算机软件来制作思维导图，如 MindMaster、GetMind 等。

（二）绘制思维导图的技巧

（1）突出重点。突出重点是提高记忆和创造力的重要因素之一。在绘制思维导图的过程中可以使用一些技巧帮助我们做到这点。例如，中央图像可以使用三种或者更多的颜色；绘制的过程中注意主干和分支之间的层次感，可以通过字体、颜色、线条的变化来强调；主干和分支之间的间隔应恰当而有序。

（2）发挥联想。联想对改善记忆力和创造力也非常重要，它可以使主题进入大脑的深处。在绘制思维导图的过程中，可以使用一些技巧帮助我们发挥联想。例如，不同分支间连接时可以使用箭头；使用各种色彩进行组织和分类；使用代码，通过简单的颜色、符号、形状和图形来指代一些特殊意义，节约时间。

（3）清晰明了。例如，在每条线上只写一个关键词；统一所有字的字体；加粗中央线条；使用清晰的图形等。清晰明了可以让联想思维和记忆更加流畅。

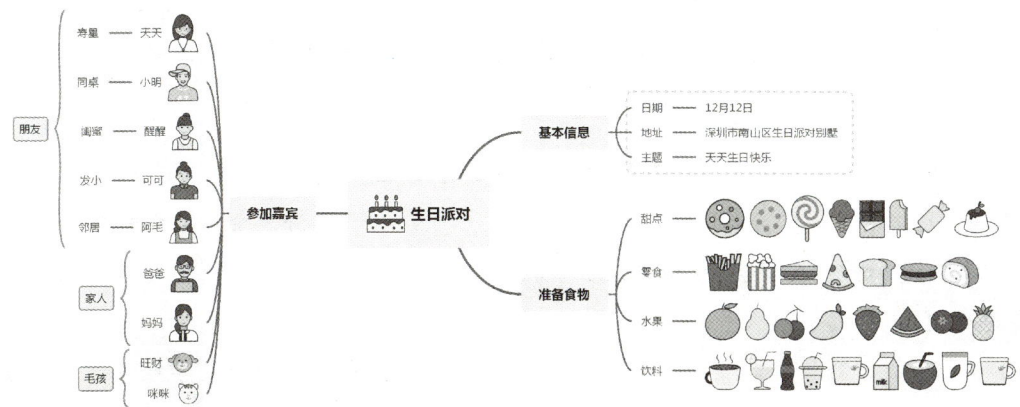

三、利用思维导图，培养创新能力

当需要整理体系繁杂的学习笔记时，当需要制作一份清晰明了的演讲提纲时，当写作文不知道从何处下笔时，当外出购物生怕遗漏需要购买的物品时，当头脑中掀起天马行空的创意风暴时……思维导图可以帮助人们最大限度地调用左右脑共同参与这个过程，从而提高效率。

首先，思维导图丰富的色彩能够加深大脑的记忆。其次，放射性思考是大脑的自然思考方式。思维导图切实迎合了大脑的自然思考方式，不仅能够加速大脑对知识和资料的积累，还能将数据依据彼此间的关联分类整理，使大脑对资料信息的储存、管理和应用更有效率。另外，在制作思维导图的过程中，大脑还会被激发出思维边缘的一些想法，从而解放我们的思维，开启创造无数观点的可能性。最后，在我们最初制作的思维导图中，常常会发现一些"愚蠢""荒谬"的想法，但如果从其他角度思考，或许这些"不正规"的想法会引导你到达一个新的思考中心。久而久之，这个新的中心会被更新、更先进的概念所替代。这样，我们就不会陷入"一条道走到黑"的惯性思维方式，从而学会知道如何去感受思维强大的灵活性，如何让自己更具有唯一性。

📝 **创新测试**

以小组为单位，尝试用思维导图讲故事。

小组内自编一个神话或童话故事，小组成员自由发挥构想故事的中心人物和主要情节，然后大家讨论交流，让故事更有新意。根据故事情节，每个成员轮流画一部分思维导图，以构成一个完整的故事轮廓。

小组成员围绕着画好的思维导图，围坐一圈，每个人轮流讲一部分故事，每个成员应尽量让故事奇幻动人。

 第二讲　世界咖啡，激荡集体智慧

世界咖啡是我见过的最能帮助我们体验集体智慧创造力的一种方法。

——彼得·圣吉（组织学习大师）

世界咖啡是一种"全新"而又"原始"的谈话方法，其所蕴含的理念与智慧给我们带来重要的启迪。

——陈国权（清华大学经管学院教授）

一、认识世界咖啡

世界咖啡是指在一种轻松的氛围中，通过富有弹性的小团体讨论和真诚对话，从而产生集体智慧的讨论方式，是聚焦问题、激荡智慧、改善心智、促进创新的会议形式。

世界咖啡采用异花授粉式的跨界交流机制，包容多元化背景，设置多轮次转换，带动同步对话，分享共同知识，实现有效对话，能为焦点议题创造新的意义以及各种可能，甚至找到新的行动契机。此外，世界咖啡也常常作为构建学习型组织的基本方法，通过营造朋友聚会式的休闲氛围，让来自五湖四海的一群人围坐在一起，对一个或多个主题表达不同的见解，碰撞出思想的火花，形成集体的智慧。

世界咖啡的起源

世界咖啡是由胡安妮塔·布朗（Juanita Brown）和她的合作者戴维·伊萨克（David Isaacs）于 20 世纪 90 年代创立的。

他们在山谷召开的一次户外会议中，邀请了来自 7 个国家的议员和科学家对某个主题展开讨论，但突然间开始下雨了。于是，他们就将讨论转移到室内的卧室和会议室，分别摆上桌子、桌布、鲜花与小茶几，继续讨论。突然，其中一个小桌的人想：我能不能去其他的桌，看看他们都在交流些什么？于是，就有人端着咖啡走动起来，结交新朋友。整个氛围很轻松，结果在会议完成之后，发现每个小组都包含了 7 个国家人员的想法，创造出了不可思议的结果。

1995 年，国际组织学习学会（SOL）的高级顾问胡安妮塔·布朗与戴维·伊萨克合著的《世界咖啡》一书中，首次提出了世界咖啡的可视化的具体过程。

二、了解世界咖啡的价值

世界咖啡的沟通氛围轻松、平等、民主、和谐，有效冲破了各种限制，使参与者能够从对个人风格、阶层领域、学习方式、情感智商等关注点中解脱出来，从而全身心地投入对话。世界咖啡的价值具体体现在以下几点。

（一）创设情感交流的空间

参与者在轻松愉悦的氛围里，在主持人的引导下，逐步打开自己，卸掉习惯性防卫的包袱，和同伴展开心与心的对话。世界咖啡使参与者在潜移默化中加强彼此间的情感交流，

进一步提升团队的凝聚力与向心力。

（二）搭建共同学习的平台

三人行必有我师。世界咖啡倡导"大众教育大众、人人都是专家"的理念。参与者表达自己的想法、聆听他人的哲思、沉淀集体的智慧，积极地向身边人学习。参与者们共同分享，相互学习，学习他人的优点，反思自己的不足，在共同学习中携手进步。

（三）促进团队共识的达成

参与者在主持人的引导下，积极发表自己的观点和看法，并包容各种不同的意见，探讨共同点。同时，整个过程以团队的目标和成果为衡量依据，能够有效推动参与者求同存异，从而达成团队共识。

（四）激发创新创造的构想

世界咖啡鼓励奇思妙想，倡导充分发挥每个个体的想象力和创造力，同时用团队集体的智慧不断地优化、完善和改进，最后获得各种产品创新、管理创新，甚至是颠覆式的创新。

（五）促进问题的解决

问题往往是由很多因素造成的，一个人的思维总是有限的。但一帮人在主持人的引导下，针对问题的解决贡献各自的智慧，并集体查漏补缺，探索解决问题的资源和可行性，就能得出解决问题的思路与策略。

三、世界咖啡的开展

（一）世界咖啡中的关键角色

世界咖啡是一种多人参与的活动，少则 20 人，多则数百人。在人员设置中，有三个关键的角色，分别是：主持人、桌长和参与者。

1. 主持人

（1）确定主题。主持人确定主题，并根据主题，为咖啡馆命名。

（2）布置环境。支持人在布置环境时，应设法让环境主题鲜明，并使环境氛围轻松愉快。

（3）邀请来宾。主持人设计新颖生动、吸引人的邀请函，并在嘉宾入场时邀请大家入座。

（4）指引流程。支持人公示研讨主题，提供操作指引，主持总结分享。

2. 桌长

（1）桌长是小组内最主要的分享者，带领并引导参与者主动分享。

（2）桌长推动全员参与讨论，掌控发言时间。

（3）桌长热情接待换桌来访的参与者，并邀请换桌参与者补充发言，进行逆向思考或提出突破性问题。

（4）桌长自行或安排组员记录要点，可以采用图文并茂的展示形式。

3. 参与者

参与者作为团队的重要成员和关键力量，应开放思维、积极思考，深入挖掘主题背后的智慧，并大胆直率地表达自己的观点，同时对队友的观点提供反馈，从而使每个人的观点产生连接。最后所有参与者要进行团队反思，以期在未来做得更好。

（二）世界咖啡的操作

世界咖啡采用咖啡桌的形式分组，展开轮番座谈。主要操作步骤如图 5-2 所示。

图 5-2 世界咖啡的操作步骤

1. 形成小组

（1）一般是以 4～6 人为一组，可以采用抽签或分配的方式进行分组。

（2）主持人开场介绍世界咖啡的会议形式、讨论主题和换桌规则等。

（3）每个组员进行简单的自我介绍，并选出一位桌长（桌长是每桌唯一留在原地的人）。

2. 主题研讨（第一轮会谈）

小组在桌长的组织下，对既定的话题进行思考并展开讨论，期间详细记录谈话中出现的重要想法、意见和成果等。

桌长可以在大白纸上用思维导图整理大家的核心观点，做最终总结。组员也可以用便签纸写出自己的核心观点，贴到大白纸上。

3. 自由"旅行"（第二轮会谈）

除桌长外，其他人换桌研讨（小组成员不出现在同一桌）。桌长热情接待新组员，并把前面会谈的内容给大家进行介绍，桌长组织讨论，最后做总结并记录观点。

根据问题和人员的实际情况，可以进行第三轮会谈，或者更多轮。

自由"旅行"是一个信息发酵的过程。你会发现，几轮下来即便是来自同一个组的"游客"所说的内容也不尽相同。但每个人都会在一次一次的表达和倾听当中，加深对问题的

思考，并且大量吸收来自不同人的不同观点。

4. 前后贯穿

桌长不动，各参与者回到最初桌子的位置上。桌长介绍本桌研讨成果，参与者补充，承前启后，累积研讨智慧。

5. 分享成果

分享集体研讨成果，进行系统回顾。每桌的桌长上台分享小组的成果，并接受大家的提问。主持人把控好时间和节奏。

四、世界咖啡的应用原则

世界咖啡虽然是在轻松、愉悦、自由的氛围下进行的一种会议形式，但也需要遵循一些原则，具体如下。

（一）主题明确

为了开启成功的对话，必须先明确主题，并保证所有参与者对主题清晰明了，没有歧义。这也是世界咖啡可以顺利开展的前提。

（二）营造热情友好的情境

情境对激发情感和创意具有重要作用。世界咖啡这个名字本身也是为了营造一种开放、轻松、舒适的情境。所以主办方要注意在情境上下功夫，可采用良好的灯光、轻柔的音乐、赏心悦目的海报、温馨浪漫的邀请函、可口的甜点和饮品等让参与者感到亲切、愉快、惬意、有安全感。

（三）探索真正重要的问题

为了使谈话成功，需要寻找并界定出重要的问题。一个世界咖啡可以集中精力探索一个问题，也可以通过多方探询、多个回合的交谈来寻找答案。很多情况下，世界咖啡的目的就在于在交谈中发现、探讨有价值的问题，其重要程度与寻找当下对策是一样的。已选择的问题或者参与者们在世界咖啡交谈中发现的问题对结果至关重要。

有经验的世界咖啡主持人往往会提出一些开放性的问题——启发人们去思考。好的问题可以启发探询和发现思路，而不是引导表态和评判优劣。

（四）鼓励每个人的积极参与和贡献

每桌仅仅安排几个人的原因之一就是希望每个人都有发言的机会。那些在大群体中不愿意主动发言的人，在世界咖啡这种更加亲切的环境中常常会提出一些出人意料的观点。

在世界咖啡这样的聚会中，问题一旦被提出来，人们就被鼓励着积极参与到交谈中并且发表自己的见解。大多数情况下，交谈会进展得很好。

（五）交流并连接不同的观点

世界咖啡的特点是允许参与者在桌子之间来回走动，和不同的人交流，贡献出想法，把发现的问题的精髓与不断扩展的人们的想法联系起来。新的模式和视角不断形成，人们的见解和创造性的结合揭示出人们以前未曾想象过的方法。进行世界咖啡交谈时，到处走动产生的想法也会改变参与者们常规的思维模式，放弃固守起初的立场和想法。

（六）共同倾听其中的模式、见解和深刻的问题

动态的聆听在带来重大突破的发现中发挥着重要作用。世界咖啡的主持人要鼓励参与者表达和聆听创新见解。在世界咖啡开始的时候，让每一个成员怀着要向在座的每一位学习的目标参与到交谈中来，鼓励人们把不同的视角和假设当作礼物。

有重大突破的思考往往产生于人们彼此鼓励进行更深入的思考之时。提醒大家一起聆听并发现潜藏于各种各样的视角之下的见解、模式和深刻的问题。这些是任何单独的个人难以企及的。

（七）收获与分享集体的智慧

世界咖啡几个环节之后，最后所有的小组在一起进行一次全体交谈。这些市民大会风格的交谈并非正式的报告或分析性的总结，而是一个大家共同反思的机会。留给大家几分钟沉默的时间来反思一下或者记录以下内容：交谈过程中学到的东西、有什么意义以及讨论的结果。让咖啡馆中的每一个人都简短地分享一下他们对于自身有真正意义的观点、主题或核心问题。提醒每个人注意在他们的交谈中有什么发现与这次共同分享相连。

创新故事

在国际上，惠普、英特尔、福特、GE、沙特阿美石油公司、美国质量协会、新加坡人民协会、墨西哥国家社会事业基金会、维多利亚大学等企业、政府、教育和社会机构都在广泛使用世界咖啡，开展团队学习与交流对话，并且都取得了非常棒的效果和反馈。

在中国，世界咖啡被美的集团、中国太平、TCL集团、中国建设银行、中国工商银行、广汽丰田、上海世博会、复旦大学、深圳市民政局等各类组织广泛应用，改变了传统的交流和学习方式，以参与者为核心，有效发挥了集体的智慧。

**创新训练**

请在下面的 2 个选题中选择一个，采用世界咖啡的形式进行讨论。

1. 如何将你现在的一项兴趣规划成你未来的一份职业？

2. 如何快速增强班级的凝聚力？

第三讲　5W2H，剖析问题的本质

一、认识 5W2H 分析法

5W2H 分析法又叫七问分析法，它是一种简单、方便，易于理解、便于使用、富有启发意义的思考方法。目前，5W2H 分析法广泛用于企业管理和技术活动，对于决策和执行性的活动措施非常有帮助，也有助于弥补考虑问题时易产生的疏漏。

如图 5-3 所示，发明者用五个以 W 开头和两个以 H 开头的英文字母进行设问，发现解决问题的线索，寻找发明思路，进行设计构思，从而搞出新的发明项目，这就叫作 5W2H 分析法。

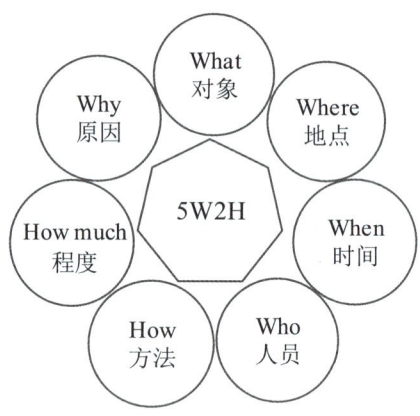

图 5-3　5W2H 分析法

我国著名教育学家陶行知先生曾经写过一首关于 5W2H 的小诗：

我有几位好朋友，曾把万事指导我，

你若想问真姓名，名字不同都姓何：

何事、何故、何人、何如、何时、何地、何去，

还有一个西洋名，姓名颠倒叫几何。

若向七贤常请教，虽是笨人不会错。

发明者在设计新产品时，常常会从对象（What）、原因（Why）、地点（Where）、时间（When）、人员（Who）、方法（How）、程度（How Much）七个方面进行提问和思考。在发明和设计中，对问题不敏感，看不出毛病是与平时不善于提问有密切关系的。对一个问题刨根问底，才有可能发现新的知识和新的疑问。所以从根本上说，学会发明创新首先要学会提问，善于提问。而 5W2H 分析法正是用提问的方法，使思考的内容深度化、科学化，剖析出问题的本质，从而使问题得到有效的解决。

创新故事

学校的小吃部

某学校开设了一个小吃部。虽然每天都有很多同学来食堂，但小吃部门庭冷落，生意惨淡。

有同学利用 5W2H 分析法分析其中原因，并找到了改变小吃部生意冷淡的方法。

他首先用 5W2H 分析法分析现状：

What：发生了什么？校园小吃部的生意冷淡。小吃部卖的是什么？炸豆腐、馄饨和烤冷面。

Who：谁是小吃部的顾客？以学生为主，偶有教职工。

Where：小吃部设在什么地方？小吃部位于教室和食堂之间，是学生下课去食堂吃饭的必经地点。

When：小吃部什么时候营业？小吃部跟食堂的营业时间一致。

Why：顾客为什么会来小吃部吃饭？食堂饭菜不合口味；错过学校食堂正常开饭时间；饭后想加餐；适当改善生活，变换口味等。

How：怎样方便学生就餐？应保证学生随时都能吃到想吃的小吃，并且打包带走也很方便。

How much：小吃的价格如何？小吃的价格较高，大多数学生接受不了。

他通过以上分析，认为小吃部，应从以下几个方面进行调整。

What：小吃品种较为单一。因此应设置多种多样的特色小吃，如关东煮、煮玉米、炸串、凉粉、豆腐脑、螺蛳粉等，以满足不同的学生人群。

When：经营时间没考虑到学生的要求，小吃部应尽可能全天营业，方便学生在有需要的时候都可以吃到小吃。

How much：小吃价格偏贵，因而使多数学生望而却步。因此，应调整食品价格，符合学生的消费能力，做到物美价廉、薄利多销。

改进后，小吃部的生意逐渐有了起色，慢慢地变得越来越红火。

5W2H 分析法是一种重要的创新工具，也是一种重要的策略思维方法。它能指导我们把事情做对，进而把事情做得更好。

商务策划文化底蕴培训校外实训计划书的 5W2H 分析

Why（实训目的）：参观了解中国古代文化遗址，培养民族文化底蕴；实地考察典型的创意案例，认识和掌握创新方法。

Who（实训对象）：商务策划专业的全体同学。

Where（实训地点）：湖北省博物馆、东湖寓言故事园、水果湖"农改超"超市、辛亥革命纪念馆。

When（实训时间）：2021 年 6 月 28 日 8:30～16:40。

What（实训内容）：参观湖北省博物馆，让同学们了解战国荆楚文化和三国文化，培养同学们的文化底蕴和民族自豪感；参观东湖寓言故事园，让同学们从中吸取商务策划的知识营养；参观水果湖"农改超"超市，考察一楼以中国近代茶肆为背景的小吃城和二楼以中国农耕文化为背景的农贸市场，让同学们从其繁荣景象中体味商务策划创意方法——背景转换法的魅力，认识和掌握创新方法；参观辛亥革命纪念馆，了解辛亥革命的历史和纪念场所的现状，感受祖国动荡的脉搏。

How（实训安排）：8:30 从学校出发；9:40～11:00，参观省博物馆；11:00～11:50，参观东湖寓言故事园，组织学生分析雕塑创意；12:00～13:30，参观水果湖"农改超"超市及午餐；14:00～15:30，参观辛亥革命博物馆；16:30 返校。

How much（经费及安排）：筹备足够的经费，并做好活动硬件设施的安排。

二、5W2H 分析法的内容

【What——是什么】如对象是什么？方案是什么？目的是什么？

【Why——为什么】如为什么采用这个技术方法？为什么要做成这个形状？为什么要用机器代替人力？为什么非做不可？

【Where——何地】如何处生产最经济？应用在何处最有价值？安装在什么地方最合适？何地有资源？

【When——何时】如何时完成？何时销售？何时工作容易疲劳？何时产量最高？何时完成最合时宜？

【Who——谁】如谁来做最好？谁会生产？谁可以办？谁是顾客？谁被忽略了？谁是决策人？谁会受益？

【How——怎样】如怎样做省力？怎样做最快？怎样做效率最高？怎样改进？怎样得到？怎样求发展？怎样增加销路？怎样才能使产品更加美观大方？

【How much——多少】如功能指标达到多少？销售多少？成本多少？输出功率多少？效率多高？尺寸多少？重量多少？

三、5W2H 分析法的操作步骤

5W2H 分析法要求抓住事物的主要特征，根据具体问题的不同性质，设置不同内容的设问，进而检查事物的合理性和优缺点并提出改进方案。

（1）对某种现行的方案或现有的产品，首先从七个角度进行设问检查。在具体的操作过程中，可把问题按照序号、项目、内容、说明等做成表格，以使内容简洁明了，一目了然。

（2）逐一审核七个设问，将发现的疑点、难点一一列出。

（3）综合考虑、讨论分析，抓住主要矛盾，提出改进方案或新的发明方案。

如果现行的方案或产品经过以上七个问题的审核后无懈可击，便可认为这一方案可行或这一产品可取。如果七个问题中有一处的答案不能令人满意，则表示这方面仍有改进余地，因此就要在这方面进行深入分析，并改进原方案或原产品；如果某个问题的答案有独创的优点，则可以扩大产品这方面的效用。

📋 创新测试

1．支付宝、美团等手机 App 极大地方便了我们的生活。这些 App 的出现再次印证了只有贴近生活、服务大众的技术手段才能长久不衰。请你运用 5W2H 分析法设计一款手机 App，并阐述它的功能。

2．请利用 5W2H 分析法，拟出自己的求职规划。可从以下几方面思考。

Who：我是谁？我的特长和优缺点是什么？

What：我应该做什么工作？我可以做什么工作？我想要做什么工作？

Why：我为什么要做这份工作？

Where：我要在什么地方工作？

When：我什么时候去工作？

How：我怎样做这份工作？

How much：我想要工作达到什么水平？

第四讲　六顶思考帽，拓展水平思维

一、了解水平思维

想象这样一个场景，四个人分别站在一座大房子的前、后、左、右对其进行观察。四个人的视角不同，所观察到的内容也不同，但每个人都认为自己看到的是正确的，这就是典型的传统思维。

如果四个人都围绕房子转一圈，每个人对房子的前、后、左、右四个面都进行了观察，从而获得了对房子的全面认知，这就是水平思维。在水平思维模式中，两种观点无论如何相互冲突，都会被平等对待。

水平思维是移动的，如图5-4，即从看事情的一种方法移动到另一种方法，因而是有创造力的。与我们传统思维中关注的"事实"和"是什么"不同，水平思维更关心的是"可能性"和"可能是什么"。我们可以努力地提出不同的观点。所有正确的观点都可以共存，就像是绕着一栋大楼行走，从不同的角度拍照，所拍摄的每个角度的照片都是真实的。水平思维不是要证明什么，不是要认定哪种解决方案才最恰当，而是要探寻，引发新思想，寻找更好的方案。

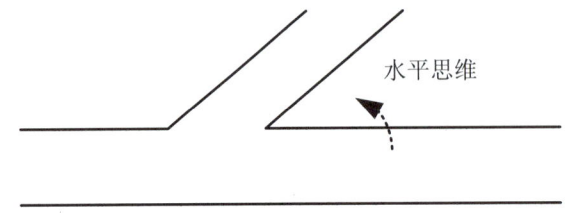

图 5-4　水平思维

二、认识六顶思考帽

六顶思考帽是著名学者爱德华·德·博诺开发的帮助人们进行水平思维的实用方法。这种方法避免了人们将时间浪费在互相争执上。"六顶思考帽"即用六顶颜色不同的帽子为比喻，把思维分成六个不同的模式。需要注意的是，这六种思维模式并不代表六种不同性格的人。实际上，六顶思考帽是一个角色扮演游戏，每一个人在思考问题时都可以扮演六种不同的角色。六顶思考帽，可以让混乱的思考变得更清晰，使团体中无意义的争论变

六顶思考帽

成集思广益的创造，使每个人变得富有创造性。

（一）六项思考帽的含义

具体而言，六项思考帽是指使用白、黄、黑、蓝、红、绿六种不同颜色的帽子代表六种不同的思维模式。不同颜色代表的思维模式如下。

1. 白色思考帽

白色思考帽像白纸，代表中立和客观。它代表依据客观的事实和数据进行思考的思维模式。戴上白色思考帽时，你的态度必须是中立的，与白色思考帽相关的就是基本的信息与资料。

2. 黄色思考帽

黄色思考帽像阳光，意味着乐观、价值和充满希望的积极的思考。黄色思考帽可以帮助我们探寻事物的优点，在不确定中发现未来的希冀。

3. 黑色思考帽

黑色思考帽如同法官的黑袍，代表谨慎和严肃。黑色思考帽以谨慎为出发点，以探讨真实性、合理性和可行性为焦点，帮助人们控制风险。同时，黑色思考帽会提出负面的观点，是对黄色思考帽的制衡。

4. 蓝色思考帽

蓝色是深邃的天空和浩渺的大海的颜色。蓝色思考帽是指挥帽，是对思考过程和其他思考帽的组织和控制。在蓝色思考帽下，我们不再思考讨论的主题，而是去思考那些与主题有关的思维。六项思考帽的使用过程中每次都由蓝帽开始，以蓝帽结束，并由蓝帽负责安排其他思考帽的顺序，维持讨论纪律和秩序，宣布何时改变帽子。

5. 红色思考帽

红色思考帽像火焰，代表情绪、直觉和情感，提供的是感性的看法。戴上"红色思考帽"时，人们可以表明自己的情绪，强调自己的预感，释放自己的感觉和直觉，不需要道歉，也不用解释。

6. 绿色思考帽

绿色是草地和蔬菜的颜色，代表丰富、肥沃和生机。绿色思考帽指向的是创造性和新观点。绿色思考帽可以帮助我们发现解决问题的方法和思路，进而做出改变，进行创新。

白色： 中立、客观	黄色： 乐观、价值	黑色： 谨慎、负面	蓝色： 冷静、指挥	红色： 直觉、情感	绿色： 创意、生机

（二）六项思考帽的使用

爱德华·德·博诺指出："思考的最大障碍在于混乱，我们总是试图同时做太多的事情。情感、信息、逻辑、希望和创造性都蜂拥而来，如同抛耍太多的球。"所以我们在思考的时候往往容易顾此失彼，影响我们做出最佳的判断和选择。而六项思考帽的要旨在于，不要同时去做很多事情，要学会将逻辑与情感、创造与信息等区分开来，一次只戴一顶帽子，一次只用一种方式进行思考。

1．六项思考帽的使用方法

六项思考帽有两种基本的使用方法。

（1）单独使用。

有时候单独使用六项思考帽中的一种就能起到作用。在单独使用中，思考帽就是特定思维模式的象征。例如，对于似乎看起来没有什么前景的建议使用黄色思考帽来进行积极乐观的思考，从而确定这项建议的价值。

（2）顺序使用。

六项思考帽可以按照一定的顺序使用，用于解决复杂的问题。但根据具体情况，思考帽的使用顺序可以调整，因而没有绝对正确的使用顺序。一般而言，蓝色思考帽在讨论的开始和结束都需要使用。

2．六项思考帽的使用原则

（1）纪律。

纪律非常重要，参与成员必须在某一时刻佩戴当前指定的思考帽。只有小组的领导、主席或者主持人才能决定使用什么思考帽。而其他成员不允许随便决定思考帽的颜色，因为一旦大家随便决定思考帽的颜色，就意味着又回到了争论的模式。要时刻谨记，思考帽不能描述你想要说什么，而是用来指示思考的方向。

（2）时间。

每顶思考帽的时间设置不能太长，这有助于与会者集中精力于眼前的问题，从而避免争论。一般情况下，每个人的发言时间为 1 分钟，但可以根据实际情况进行调整。例如，如果佩戴黑色思考帽的人提出了很好的建议，应适当延长其发言时间，直至讲述完毕。还应当注意，佩戴红色思考帽的人应对自己的表达做到简单明了，不需要做过多解释。

3．六项思考帽的使用步骤

较为典型的六项思考帽团队在实际中的应用步骤如下。

（1）蓝帽：陈述问题背景和预期成果。

（2）白帽：陈述问题事实。

（3）绿帽：提出解决问题的建议。

（4）黄帽：评估建议的优点和价值；黑帽：提出建议的缺点和风险。

（5）红帽：对各项建议进行直觉判断，表达自己的情感。

（6）蓝帽：总结陈述，得出方案。

创新故事

一个员工在学习了六项思考帽的方法后，将其运用到邮件写作中，结果得到了领导的大加赞赏。他所写的邮件的逻辑方式如下。

蓝帽：向领导汇报一个问题。

白帽：介绍目前情况、事实和信息。

黑帽：汇报存在的问题、不足和风险。

绿帽：分析问题的原因并提出初步的解决方法。

黄帽：评说解决方案的价值及意义。

蓝帽：制订行动计划。

记者采访了这位员工的领导和他本人。

领导告诉记者："我每天差不多要看将近四五十封邮件，其中大部分都是向我汇报问题的。而绝大部分员工只会这样写：

蓝帽：汇报问题。

白帽：目前情况。

黑帽：存在的问题。

蓝帽：咋办呢？"

记者又问："这样写邮件，您满意吗？"

结果领导说："当然不满意了！那个黑帽子放在那里给谁看呢？我还不是需要再召开会议征询解决的办法呀。"

记者采访这位员工的时候，他说："光给老板一个黑帽子，虽然报告了问题，但他肯定不会放过我。所以我必须在黑帽子后面加上个绿帽子，哪怕是我自己粗浅的分析或者建议，也要提出来。"

之后，领导还不忘夸赞这位员工："他让我看到了解决方案的价值。对于如此自信的员工，我没有什么理由否定他的办法，而是要在他的方案中筛一筛我认为马上可行的方案，抓紧时间实施。"

从帮别人了解信息转变为对行动方案的评估和执行，增强了单位时间沟通的效率。用六顶思考帽写邮件可以帮助人们进行比较全面而有策略的思考。

 创新测试

1．请运用六项思考帽分析大学生是否应在在校期间创业。

2．请运用六项思考帽分析如何提高企业的跨部门沟通效率。

 第五讲 设计思维，收获创新灵感

一、认识设计思维

设计思维是一种以人为本的创新方式。它运用一系列的思维方法和创新工具，挖掘出问题之下的深刻本质，将问题与用户的潜在需求联系起来，以创造契机，最终找出最恰当的解决方案。设计思维重在思维，以结果为导向，关注创新的可能性。在当今的设计界、商业界和管理学等诸多领域，设计思维日益凸显出它的重要地位。

"设计思维"一词是随着人性化设计的兴起而兴起的，最早可以追溯到 20 世纪 80 年代。在科学领域，把设计作为一种"思维方式"的观念可以追溯到哈伯特·西蒙于 20 世纪 60 年代出版的《人工制造的科学》；在工程设计领域，设计思维的内容可以追溯到罗伯特·麦克金姆于 20 世纪 70 年代出版的《视觉思维的体验》。在"设计思维"被不同的学者提出之后，IDEO 是第一家将设计思维应用于解决商业问题的公司。IDEO 的创始人——大卫·凯利，后来又在美国斯坦福大学创建了著名的 D. School，即斯坦福设计学院。

很多人误以为设计思维只限于平面设计、服装设计、城市规划设计等领域，但这其实是缩小了设计思维的学科范畴。实际上，设计思维是整合性思维和对抗性思维的混合与交叉，即脑中同时存在多个不同的、有些甚至是相对立的观点，通过对脑中信息的收集和整合，得出尽可能多的问题的解决方案，再考虑实际的可操作性，最终得出具有多方优势的"更好"的方案。与传统的思维方式追求"最佳"的解决方案不同，设计思维融合了各个方案的"优点"，追求的是"更好"方案。

 树德创新

冬奥会创新设计尽显"中国式浪漫"

在北京 2022 年冬奥会迎来开幕倒计时 100 天的节点上，北京冬奥会奖牌"同心"正式亮相：圆环加圆心构成牌体，其形象来源于中国古代同心圆玉璧，共设五环。大环小环同心环，五环同心，心心相印，表达了"天地合·人心同"的中华文化内涵，也象征着奥林匹克精神将人们凝聚在一起。

另外，北京冬奥会场馆不仅对北京 2008 年奥运会遗产进行了最大程度的利用，而且创造性地建设了融入中国传统文化元素的国家跳台滑雪中心（"雪如意"）以及首钢滑雪大跳台（"水晶鞋"）。

此外，北京冬奥会推出的系列徽章，其中每一个设计都集合了中国传统文化的魅力和文化创新的时代感。从夸父逐日、嫦娥奔月等上古文化，到舞龙舞狮、踩高跷、打铁花等民俗文化，再到月饼、元宵、冰糖葫芦等美食小吃……那些只属于中国人的浪漫，都融进了徽章的设计里。

【点拨】文化兴国运兴，文化强民族强。我们作为中华儿女要了解中华民族历史，秉承中华文化基因，树立民族自豪感和文化自信心。我们在奥运会这种重大国际赛事活动中巧妙融入中国元素，以开放包容的心态，向全世界展示着中华文化的魅力。事实证明，中华文化正以铿锵有力的步伐走向世界舞台的中央。

二、设计思维的流程

斯坦福设计学院将设计思维的流程分成五步："同理心思考（Empathy）"、"需求定义（Define）"、"创意构思（Ideate）"、"原型制作（Prototype）"、"产品测试（Test）"。如图 5-5 所示。

图 5-5　设计思维的流程

（一）同理心思考

同理心，也称为共情，是指对他人的情感或情绪感同身受的能力。通过同理心，才能够切实明白他人的处境及其内心的真实需求，从而找到解决问题的有效方法。同理心思考是设计思维中强调以人为中心的最核心的环节，是定义和解决问题的基础，主要通过观察、倾听、融入和换位思考等方式，其核心目标是了解需求。

例如，在帮助老年人的项目中，要和老年人进行深入交流后，会发现老年人的行动能力虽然不断下降，但是他们表现出对保持行动能力的强烈欲望。

（二）需求定义

需求定义是指在同理心思考的基础上，对信息进行整合和思维加工，找到隐藏在表面之下的真正的需求，即对于所要研究的真正的问题的确定，从而确定出发点。

例如，通过调查或访谈，我们会发现老年人喜欢散步，与老朋友喝茶、下棋，逛早市

等。通过深入分析就会发现，这些行为并不是因为老年人喜欢外出，而是他们希望彼此保持联系。我们进行需求定义，即有些老人害怕孤独，希望与他人保持联系。

（三）创意构思

创意构思是指在对需求的发掘和问题的清晰定义的基础上，站在最终用户的角度，大开脑洞，产生尽可能多的想法和解决方案，以提供更多的选择。期间我们可以采用头脑风暴、六顶思考帽等方法进行创意思考。然后，对创意想法进行分类，并对分类进行优化完善。

例如，对于帮助老年人的项目，我们可以提出许多想法：独特的虚拟现实体验，高级友好悬停板或改装的手推车等。

（四）原型制作

原型制作是指以低成本的方式动手将想法视觉化、可触化，变成真实的、人们可以感受的东西。产品或服务的原型可是任何形式的实体物品，如一面故事墙，一个简单的物件拼搭，一个模拟场景等。

需要注意的是，好的产品或服务原型可以让我们与使用者产生互动，通过收集使用者使用产品或服务原型后的感受，可以挖掘出更深层的同理心，并且能让脑海中的问题及时得到解答和纠正，从而开发出更符合人们真正需求的产品或服务。

（五）产品测试

产品测试是指邀请用户对原型进行测试，获得反馈信息，不断更新迭代，其作用是为修正并完善方案提供依据。

 树德创新

方太洗碗机的诞生之路

在实体行业中，中国制造虽然称霸全球，但从中诞生的知名品牌却凤毛麟角。因为根基薄弱，大多数民营企业在面临生存压力时，都会倾向于追求短期利益，但方太却是一个特例。

作为中国市场为数不多靠研发和产品取胜洋品牌的本土企业，方太自创立之初就立志要打造中国人自己的高端品牌，不贴牌、不代工、不打价格战，专注为中式厨房提供高品质的体验。

在这样的决心之下，方太从2009年开始就与IDEO合作，在设计语言、产品组合、物联网战略等方面探索着如何为国人提供更优质的厨房生活。在厨具套装产品取得巨大成功之后，方太开始寻找下一个革命性的新品类。

　　在大量市场调研后，方太发现：在厨房生活里，让年轻一代十分头疼的事，就是谁该洗碗。这个话题，甚至造成许多夫妻矛盾。

　　在国外，洗碗机当时的普及率已达 70%。但洗碗机进入中国长达 40 年，普及率却只有 1%。因为中国缺乏成功案例，于是方太带着疑虑找到 IDEO，希望可以有量产推广的建议。

　　IDEO 与方太产品研发人员一起，再次走进了不同城市的家庭进行深度的调研。在和不同类型的中国家庭共同经历从洗菜到洗碗的全过程之后，他们发现，和西式烹饪会用到多种厨具不同，中国家庭在饭前饭后准备和清理工作中，有超过 65% 的时间直接与水槽相关，水槽位居厨房动线①的核心，是厨房唯一没有被电器化的空间。遂以此为灵感和依据，IDEO 为方太梳理出人们在烹饪的不同阶段对水槽的功能需求，并与方太的工程师一起，完善了第一代产品的细节设计和实现工艺。

　　2015 年 3 月 25 日，项目结束半年之后，方太推出了全球第一台专为中国家庭发明的水槽洗碗机。这款产品在上市短短 8 个月之后，市场占有率就突破了 30%，众多厂商随之开始争相模仿，水槽洗碗机成为超越洗碗机的全新品类。不仅如此，在 2016 年依照其他调研的灵感启发推出三槽洗碗机之后，方太的市场占比在 2017 年跃升至 41.1%。自此方太洗碗机成为消费者心里"水槽洗碗机"的代名词以及中国厨房的新时尚。

　　【点拨】现在，方太已是中国高端厨具品牌的领先者，它的集团总裁曾提出创新三论——仁爱、有度和幸福。其实，这个过程就是观察用户，体验同理心，看见别人看不到的机会，更贴近需要解决问题的过程。现实生活中的创新也应立足于关爱他人、造福社会。只有这样的创新，才是真正有意义的创新。

 **创新测试**

　　请运用设计思维，为你的好朋友设计一个理想的钱包。

第六讲　商业模式画布，扬起创业的风帆

　　你有过创业的想法吗？如果有，要怎样才能实现呢？下面就让我们通过商业模式画布，理清思路，找到恰当的商业模式，扬起创业的风帆吧！

―――――――――――――――

　　① 厨房动线是指烹饪前的准备到饭菜上桌，人在厨房中整个流程的运动线路。

一、认识商业模式画布

商业模式是企业探求所经营业务的利润来源、生成过程和产出方式的系统方法，并围绕企业如何盈利这个核心来配置企业资源和组织企业所有内外部活动的一个行为过程。例如，如家连锁酒店给差旅客户提供的价值就是"够用而不多余的住宿条件和卫生条件，且比星级酒店便宜"，然后其一切活动就都围绕这个价值展开——去掉一切多余的装修、设备、物品，提倡客户自助式服务等。

扫一扫

商业模式画布

创新故事

麦当劳的商业模式

提起麦当劳，大家都知道它是卖汉堡包的，但是，你知道它的赢利模式吗？也许，很多人都会讲，麦当劳肯定是卖汉堡包赚钱的嘛，这还用得着问。但是，如果这样想，你就错了。

其实，麦当劳不仅仅只是个卖汉堡的快餐商，还是一个地地道道的地产商，旗下的地产数量已经足以让麦当劳成为世界地产巨头。

麦当劳一直沿用"朝两个截然不同的方向赚钱"的经营办法。除了通过特许加盟收取约占销售额 4%的特许权收益外，还通过房地产运作得到相当于销售额 10%的租金。租金收益高于特许收益，这就是麦当劳长期以来选择以超过任何人想象的速度圈地、建设和开新店来追求利润的原因。

麦当劳在美国的万家店铺中，60%的土地所有权是属于麦当劳的，另外 40%是由总公司向土地所有者租来的，麦当劳租地时定死租价，不允许土地所有者在租约内加上"逐年定期涨价"条款，但在出租给加盟者时，却把所有的保险费、税费加了进去，并根据物价上涨情况，向加盟分店逐年收取涨价租金，这其中的差价有 2 成至 4 成。

当餐厅生意达到一定水准后，各店还要缴付一定营业额百分比给麦当劳，叫作"增值租金"。麦当劳不仅由此赚到了 40%的利润，而且还可以通过房地产来控制加盟者完全依附于总部。在麦当劳的收入中，有 1/4 来自直营店，有 3/4 来自加盟店，而总收入的90%来自房租。

这就是麦当劳的赢利模式，不是卖汉堡包，而是卖房地产赚钱。我们从麦当劳的赢利模式中可以发现，一个企业要赢利，并不一定非要以企业的主导产品来赚钱，而可以从其他辅助产品中产生利润。

那么，这种"主导产品+辅助产品"的赢利组合，就需要企业在战略规划时，先做好它的设计。而赢利模式只是商业模式当中的一个要素，跟赢利模式一样，商业模式也需要经过企业详细而周密的战略设计。凡是成功的企业，都是在一个有效的商业模式下运营的。

商业模式画布是用来描述和分析企业、组织如何创造价值、传递价值、获得价值的基本原理和工具。它起源于 20 世纪 50 年代，是由亚历山大·奥斯特瓦德（Alexander Osterwalder）和伊夫·皮尼厄（Yves Pigneur）在《商业模式新生代》中提出的一种用来描述商业模式、可视化商业模式、评估商业模式以及改变商业模式的通用语言。

随着社会变革的加速、市场快速的发展和用户需求的不断更新，如何给好的产品创意提供恰当的商业模式，已成为创业者和企业家需要考虑的头等大事。商业模式画布可以帮助企业直观清晰地展示现行商业模式、分析竞争对手，从而不断优化自身商业模式的设计，达到在激烈的市场竞争中取得成功的目的。

商业模式画布由 9 个模块构成（见图 5-6），涵盖了客户、提供物（产品/服务）、基础设施和财务生存能力四个方面，可以方便地描述和使用商业模式，来构建新的战略性替代方案。

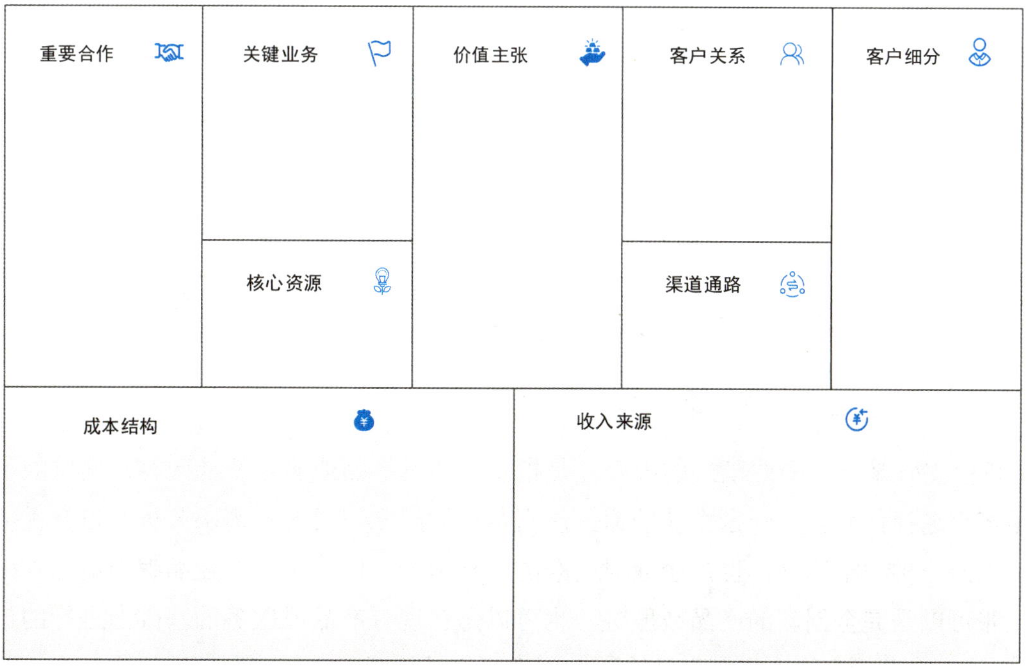

重要合作	关键业务	价值主张	客户关系	客户细分
	核心资源		渠道通路	
成本结构			收入来源	

图 5-6　商业模式画布图

二、商业模式画布的要素

（一）客户细分：准确定位目标群体

客户细分是企业对所瞄准的消费者群体的细致划分。客户构成了任何商业模式的核心，没有可使企业获益的客户，企业就不能长久存活。所以，描绘一个商业模式，最好先从客户群体开始思考。为了更好地服务于不同的客户，可以将其进行细分区隔，以便找出他们的共性和真实需求，从而为企业创造价值。

例如，对于一家廉价航空公司而言，客户肯定是旅行者。客户选择此航空公司的原因无非是价格便宜，那么在该画布的"客户细分"模块填入的就是"控制预算的旅行者"。

另外，一个商业模式可以定义一个或多个细分客户群体，而不局限于一个。在商业模式画布中描述"客户细分"时，可以从以下几个角度思考。

- 我们正在为谁创造价值？
- 谁才是我们最重要的客户？

（二）价值主张：满足客户需求

价值主张是一个商业模式的中心，是指企业通过产品或服务所能向客户提供的价值，也是客户选择你而非另一家企业的原因。它是企业建立在对客户需求分析和自身优势判断基础上的一种战略选择，也是企业对公众的一种承诺，同时也是企业品牌塑造的基础。价值主张可以是完全创新的产品或服务，也可以是在现有产品或服务的基础上进行的迭代。例如，"王者荣耀"的价值主张是给玩家创造更多的快乐，让玩家在团队协作和个人技能展示方面获得成就感和满足感；小红书App的价值主张是帮助消费者快速筛选出好货，让年轻人通过小红书发现美好、真实、多元的生活方式，让他们找到自己想要的生活。

在商业模式画布中描述"价值主张"时，可以从以下几个角度思考。

- 该向客户传递什么样的价值？
- 我们正在帮助客户解决哪一类难题？
- 正在满足客户的什么需求？
- 正在提供给客户细分群体哪些系列的产品或服务？

（三）渠道通路：与客户建立联系

销售渠道是指当产品或服务从生产者向最终消费者或产品用户转移时，直接或间接转移所有权所经过的途径，即企业接触、沟通细分客户并传递价值主张的方式，包括销售渠道、推广渠道、反馈渠道和售后渠道。

在商业模式画布中描述"渠道通路"时，可以从以下几个角度思考：

- 如何接触到客户？
- 哪些渠道最有效？
- 哪些渠道的成本效益最高？
- 渠道之间的关系如何？
- 如何对渠道进行整合？

不同类型的渠道，如直销渠道、非直销渠道、自由渠道和合作伙伴渠道，具备不同的特点。因此，渠道管理的核心是在不同渠道之间寻找平衡，使得收益最大化。

（四）客户关系：完善客户体验

通过"渠道通路"接触到客户之后，企业就要开始考虑"与客户保持怎样的关系"这个问题了。这种关系可以是单纯的交易关系，可以是通信联系，也可以是为客户提供的一种特殊的接触机会，还可以是为双方利益而形成的某种买卖合同或联盟关系。

在填写商业模式画布"客户关系"模块的内容前，需要从以下几个角度思考：

- 每个客户细分群体希望我们与之建立和保持何种关系？
- 哪些关系已经建立了？
- 这些关系成本如何？
- 如何把它们与商业模式的其余部分整合？

需要注意的是，并不是所有的客户关系都是 VIP 服务最佳。客户关系具有多样性、差异性、持续性、竞争性、双赢性的特征。良好而恰当的客户关系可以为交易提供方便，节约交易成本，也可以为企业深入理解客户的需求提供机会。

（五）收入来源：设计盈利路径

收入来源即企业通过各种收入来创造财富的途径。在填写商业模式画布"收入来源"模块的内容前，需要从以下几个角度思考：

- 什么样的价值能让客户愿意付费？
- 客户当前在为什么价值付费？
- 客户是如何支付费用的？
- 客户更愿意如何支付费用？
- 每一个收入来源方式为企业的总收入贡献了多少？

收入来源多种多样，如销售商品获得的收入，出租房屋获得的收入，提供服务获得的收入，制作网络课程获得的收入，分享知识经验获得的收入等。不要限制自己的思维，也许你还能想出一些新的收入来源，既符合客户期望，也能为企业实现盈利。

（六）核心资源：盘点现有资源

核心资源是保证商业模式有效运转的最重要因素，可以是实体资产、金融资产、知识资产或人力资源。这些因素使得企业能够创造和提供价值主张、接触市场、与客户细分群体建立关系并取得收入。在这个模块的填写中，我们需要注意以下几个问题：

- 我们的价值主张需要什么样的核心资源？
- 我们的渠道通路需要什么样的核心资源？
- 客户需要什么样的核心资源？

另外，不同商业模式需要的核心资源是不同的。如汽车制造商的核心资源是技术和设备，汽车设计商的核心资源则是人力。

 树德创新

科创板

中国经济正在从高速增长阶段向高质量发展阶段转移，旧动能正在向新动能转换，这就需要增强科技创新在经济发展中的作用。

2018 年 11 月 5 日，国家主席习近平在首届中国国际进口博览会开幕式上宣布设立科创板——一块独立于现有主板市场的新设板块。

科创板集聚了一批集成电路、生物医药、高端装备制造等领域的科创企业。随着科技创新的发展，"硬科技"成色逐步显现。2020 年，科创板上市公司净利润同比增长 59%，明显高于全市场整体水平。科创板公司在科创属性、成长性等方面表现都较为突出，发展态势良好。从行业划分来看，科创板企业"硬科技"成色足。

科创板自开板以来结出的累累硕果，彰显着科技的硬实力。截至 2021 年 7 月，平均每家公司的研发人员占比近 30%，六成公司的实际控制人为公司核心技术人员；平均新增发明专利 18 项；各项指标均显著高于其他市场板块；有 78 家公司获得国家科技进步

奖等国家级科技奖项，超过 50% 的公司参与过国家级重大科技专项。

【点拨】党的二十大报告指出，强化企业科技创新主体地位，发挥科技型骨干企业引领支撑作用，营造有利于科技型中小微企业成长的良好环境，推动创新链产业链资金链人才链深度融合。科创板是推动创新链产业链资金链人才链深度融合的良好平台与培育载体。

（七）关键业务：开展具体业务

关键业务是企业得以成功运营所必须实施的最重要的行为。关键业务可以分为：制造产品、解决问题、平台推广等。在这个模块中的填写中，我们需要重点了解以下几点：

- 我们的价值主张、渠道通路需要哪些关键业务？
- 我们维护客户关系需要开展哪些关键业务？

例如，廉价航空公司在价格低廉的基础上，为保证成功运营，占领消费市场，必须保证其飞行不需要过长时间。因此，"快速来回"成了这家航空公司的关键业务。

（八）重要合作：寻找战略伙伴

在现代企业活动中，任何企业都需要寻找合作伙伴，建立所需的供应商与合作伙伴网络。其中合作关系包括非竞争者之间的战略同盟、竞争者之间的合作、合资、供应商关系等。在弄清了以下这些问题之后，"重要合作"模块的内容便迎刃而解了。

- 我们的重要伙伴是谁？
- 谁是我们的重要供应商？
- 我们正在从伙伴那里获取哪些核心资源？
- 合作伙伴都需要执行哪些关键业务？

（九）成本结构：厘清所有成本

创造价值、提供价值、维系客户关系以及产生收入都需要成本。厘清成本结构能够帮助商业模式健康运转。在填写"成本结构"模块时需要注意以下问题：

- 商业模式中最重要的固有成本是什么？
- 哪些核心资源和关键业务花费最多？

如图 5-7 所示，为 OPPO 和 VIVO 的商业模式画布。

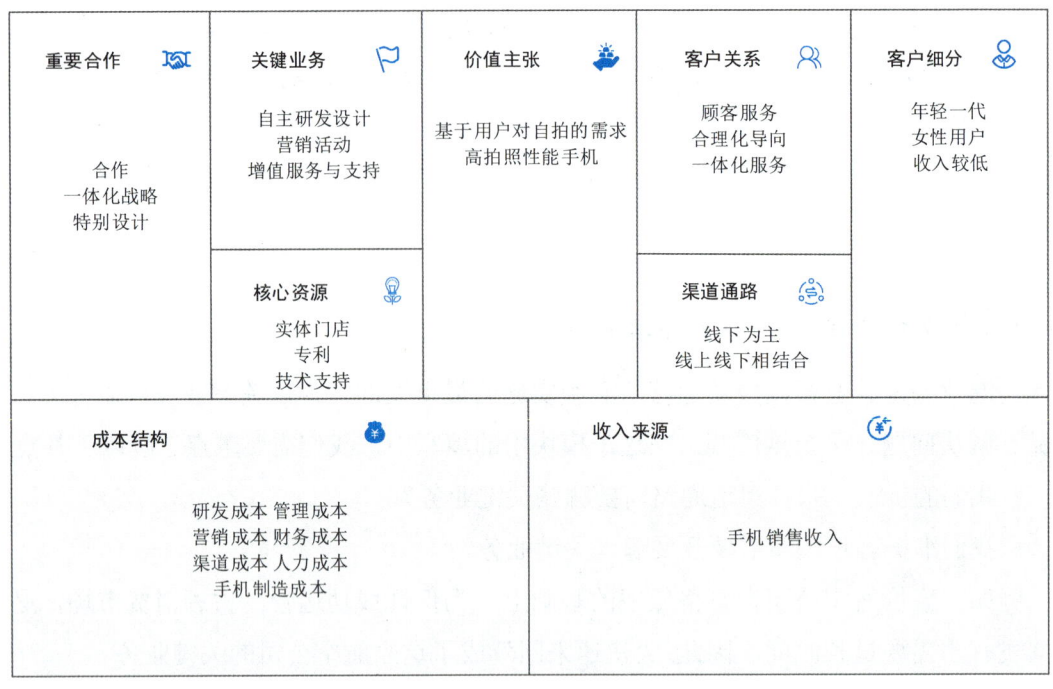

图 5-7　OPPO 和 VIVO 的商业模式画布

三、绘制商业模式画布

（一）准备材料

足够小组活动的空间、适合小组围坐讨论的桌椅、商业模式画布模板或展示墙、便签及彩笔等。

（二）确定主题

可以选择真实的某家企业作为主题，也可以征集、构想商业主题。确定主题后，小组内部分析讨论主题的含义。

（三）确定要素

小组内部展开讨论，可采用思维导图、六顶思考帽等方法确定商业模式画布的九个要素。

（四）完成画布

小组在充分讨论的基础上，填写画布，群策群力，完成商业模式。

（五）交流分享

各小组完成各自的商业画布后，向全班同学展示分享并听取其他小组的建议。

（六）做出行动

在完成画布的绘制之后，各小组设计出可行的行动方案。

 创新测试

1. 如果有人想要在校园内开一家甜品店，请你和团队成员帮他完成商业模式画布。

2. 请通过搜集资料成对某一家成功的企业绘制商业模式画布。

创新活动营

创新创业新起点

活动描述：全班学生分组，以"创新创业新起点"为主题，进行创新创业设计大赛。

活动目标：通过创新创业设计大赛，让学生进一步掌握创新思维工具，进而产生对创新创业的憧憬。

1. 分组

将全班学生分为8组，每组选出1名小组长。

2. 确定创业项目

各小组内部寻找与自己所学专业相关的创业项目，或者从自己生活的环境中寻找创业项目，并对所选择的创业项目利用六项思考帽进行辨析思考。

3. 绘制商业模式画布

各小组根据本组最终确定的创业项目填写商业模式画布。

4. 编写商业计划书

以网上搜索到的优秀的商业计划书作为参考，各小组成员讨论商业计划书的基本结构与目录，组长负责最后敲定；团队成员进行分工，每个成员编写商业计划书的一部分或几部分。最后由组长进行统稿并修改。

5. 教师进行评分

教师可根据表5-1进行评分，并评选出表现最优秀的一组。

表5-1 评价表

评分标准	满分	实际得分	备注
所选创业项目具有可行性与典型性	20		
所写的商业计划书具有可参考性	20		
小组成员分工合理、明确	20		
编写过程中能团结协作	20		
计划书终稿结构完整、内容丰富、条理清晰	20		
总　分	100		